埋もれた都の防災学

都市と地盤災害の2000年

釜井俊孝

KYOTO UNIVERSITY PRESS

京都大学学術出版会

はじめに——過去から照射する未来

人間は集って住む動物である。だから、都市は、世界中のほとんどの民族によって造られてきた。しかしその一方で、都市およびその近郊で発生した災害は、人々の生活に大きな影響を及ぼした。災害から無事復興した例もあるが、上手くいかなかった場合もある。そうしたことの積み重ねが「歴史」に他ならない。一方で、われわれは自然を改造し、生活の領域を広げてきた。その結果、都市的空間においては、自然条件と社会条件は互いに強く影響を及ぼし合い、「都市災害」が発生するようになった。

アスファルトとコンクリートに覆われ、集積度が高まった現代都市に住むわれわれは、普段、土地の記憶をあまり意識することなく暮らしている。しかし、実際には、都市の疵(きず)とでも言うべき災害リスクは至る所に存在する。そして、寺田寅彦が指摘したように、自然は、「過去の習慣に忠実」であり、そうした「都市の疵」を追求することに執拗である。したがって、災害の歴史を通じて、ビルや道路の下にある「埋もれた都」に思いをはせることは、地域の防災力を向上させ、減災につながることになるはずである。そこで、本書では、主に地盤災害に的をしぼり、その歴史的・社会的背景と影響について述べようと思う。

具体的には、埋もれた都で起きた様々なことが、実は「足もとの地質」に強く影響されていたことから始めたい。導入部として、古代ローマのイタリア、スペインの各都市の例から始め、以下わが国の例としてほぼ年代順に、各地の古墳に見られる災害の痕跡、琵琶湖湖底遺跡、洪水と天井川、近代都史と災害という流れで解説を試みる。これらは人間の欲望と自然との関係史に他ならない。そして今も続いている都市災害は、自らの欲が作り出したリスクを、われわれが未だに上手く克服できておらず、歴史の宿題を終えていないことを示している。しかし、見方を変えれば、宿題のヒントは「災害の歴史」体験の中にあり、本書で扱う様々な事例の中に隠されているのかも知れない。

防災の本質は、「自然とどのように折り合いを付けるか」である。本書では、災害への対応が洋の東西を問わず都市存続の鍵であり、時には歴史を動かしてきたことを具体的に示している。それは、アジアモンスーン気候下の活発な島弧変動帯という、世界で最も過酷な自然条件のなかで、日本人がどのように鍛えられてきたのか、その事跡を収拾して日本人と災害の関係を探ろうとする試みでもある。

埋もれた都の防災学◉目　次

第4章……山崩れと人生……87

第5章……天井川時代……121

埋もれた都の防災学

——都市と地盤災害の２０００年

第1章……ローマも一日にしてならず——都市と災害の歴史

永遠にして災害の都

「自然は過去の習慣に忠実である」とは、寺田寅彦の有名な言葉である。昭和八年（一九三三年）、岩手県東方沖で昭和三陸地震が発生し、東北地方の太平洋岸が大津波に襲われた。この言葉は、直後に発表された随筆「津波と人間」の中に書かれたものである。[1] 同様の三陸津波災害が明治二九年（一八九六年）にも起きていたことを念頭に、文章は次のように続く。「こんなに度々繰り返される自然

（1）地震雑感／津波と人間、寺田寅彦随筆選集、中公文庫

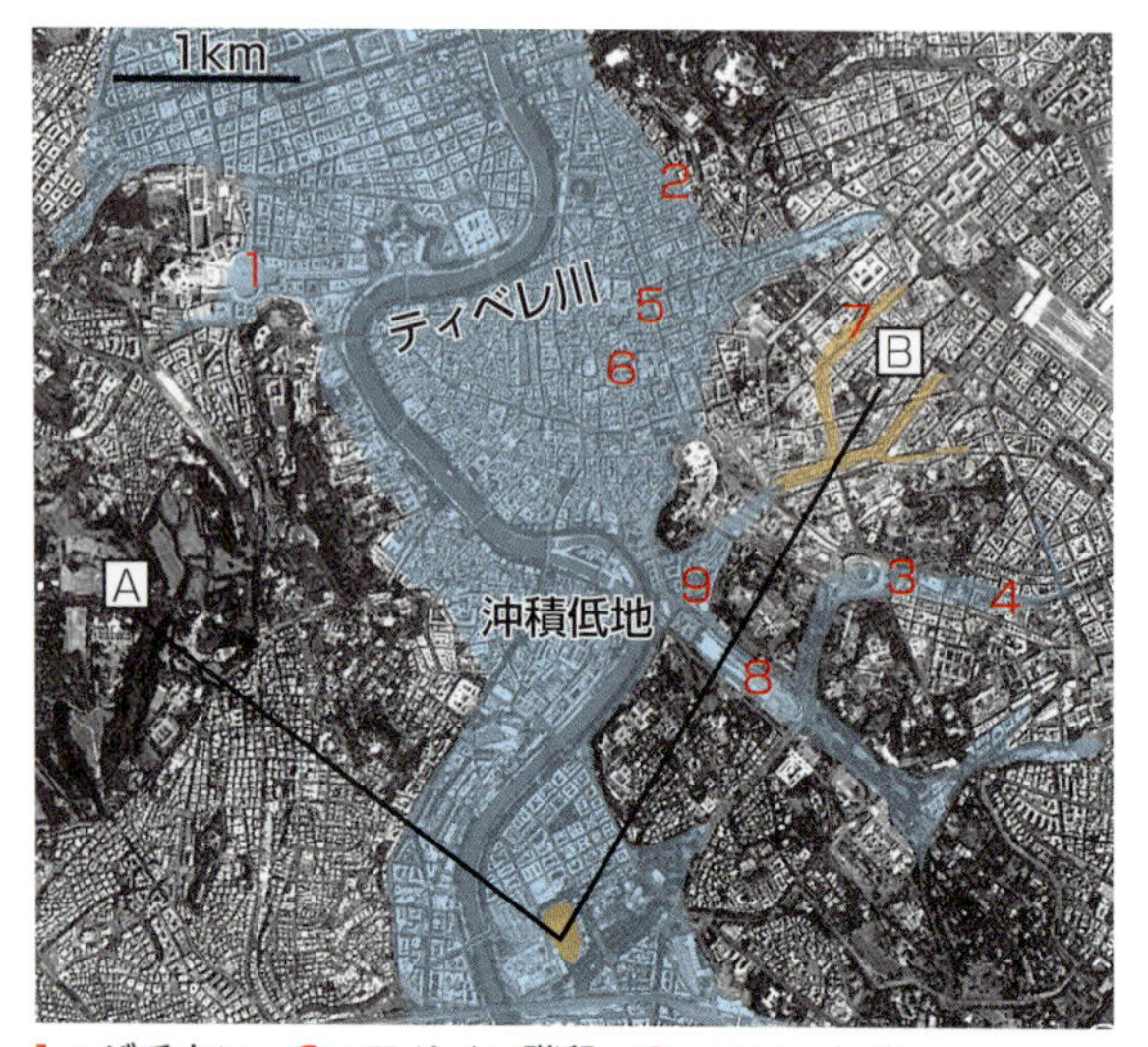

1：バチカン　2：スペイン階段　3：コロッセオ
4：サンクレメンテ教会　5：マルクス・アウレリウス記念柱
6：ミネルバ教会　7：サン・ヴィターレ 8：チルコ・マッシモ
9：真実の口

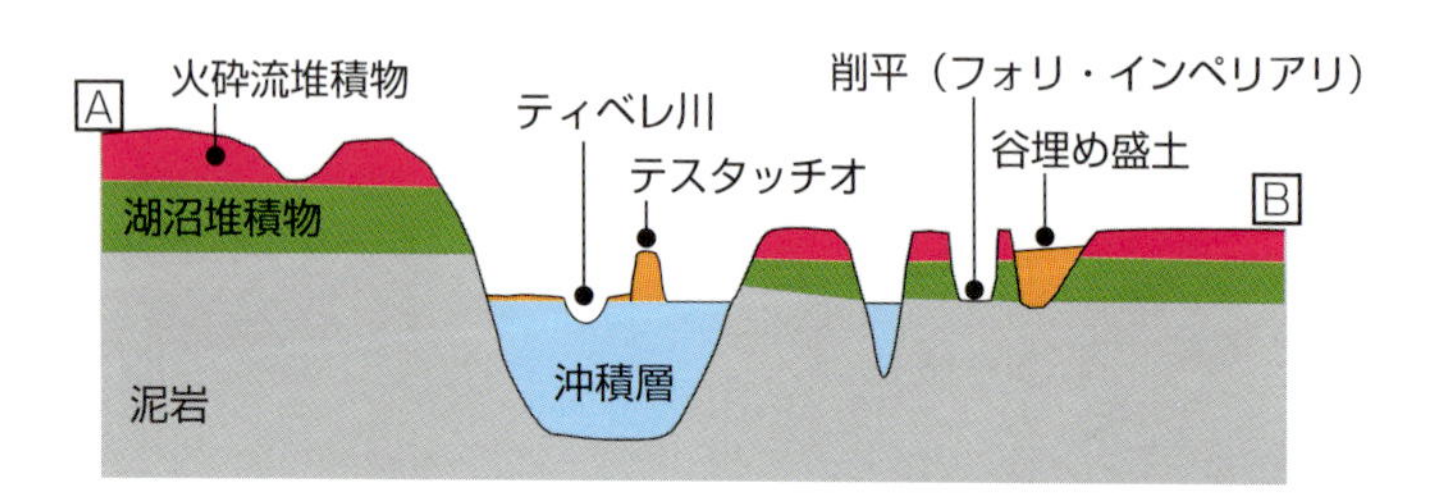

図1●ローマ市中心部の地形と地質（模式断面）。（ローマ市街の画像：2016 Google）

現象ならば、当該地方の住民は、とうの昔に何かしら相当な対策を考えてこれに備え、災害を未然に防ぐことができていてもよさそうに思われる。これは、この際誰しもそう思うことであろうが、それが実際はなかなかそうならないというのがこの人間界の人間的自然現象であるように見える」。そして、二〇一一年（平成二三年）三月一一日には、彼の予言通り東日本大震災が起きた。

自然の習慣が引き起こす災害に悩まされ続けたのは、遠く離れた地中海世界の人々も同様だった。「災害の克服」は、彼らにとっても都市が存続するためのキーワードであったのである。例えば、世界の首都と謳われた古代ローマの歴史は災害の歴史でもある。まずは、肩慣らしとして、ここから始めよう。ローマの地盤は、基本的に南北に位置するカルデラ火山（コッリ・アルバーニ火山、サバティーニ火山）から流下した幾層もの火砕流で作られた。最終氷期にはこれらの火砕流堆積物が河川によって浸食され、標高マイナス四〇メートル付近に達する深い谷が形成された。この谷は、その後の海面上昇によって砂や泥で埋め立てられ、台地と低地からなる現在の地形が作られた（図1）[2]。これらのうち、浸食から取り残された島状の台地は「丘」と呼ばれている。中でも、現代のローマの都心部に位置する七つの「丘」は、ローマ建国当初から人々の活動の拠点となっていた。例えば、カピトリーノの丘は、古代ローマの政治の中枢であり、やがてCapital（首都）の語源となった。

（2） R. Funiciello, G. Giordano (2008) : The geological map of Rome, Servizio Geologico d'Italia, 85p.

これらの台地と低地の比高（高さの差）は、本来二〇メートル程度あったが、長い歴史の間で低地側が埋め立てられ、比高が半分程度になった。場所によっては、台地側も削られ、わずかな起伏を残すばかりの斜面もある。しかし、注意深く観察すると、建物に覆われた市内であっても本来の地形を辿ることができる。例えば、映画「ローマの休日」で有名なスペイン階段は、台地と低地を結ぶ坂道の一つである。また、映画の中で王女が一夜を過ごしたブラッドリー記者のアパートメントは、スペイン階段から続く斜面に建っている。

さて、火山があるということは、地震もあるということを意味する。イタリア中部のアペニン山脈沿いには、多くの活断層が発見されており、地震が頻繁に起きている。つい最近も、二〇〇九年四月六日、ローマから東へ一〇〇キロメートルほどの山中でラクイラ地震（マグニチュード六・三）が発生し、主に家屋の倒壊によって三〇〇人以上の犠牲者を出した。この地震によるローマでの揺れは震度三程度であったが、ローマの地震危険度が決して低くないことを実感させる出来事であった。実際、ローマでは、強い揺れによって被害が出たことを示す遺跡を、市内各所で見ることができる。長期的に見ると、地震はほぼ同じ場所で繰り返し発生する現象である。実際、一三四九年九月には、現代のラクイラ地震とほぼ同じ場所の岩盤が破壊され、地震が発生したことがわかっている。ただし、この地震の規模は、マグニチュード六・九で、現代のラクイラ地震よりもやや大きかったようである。そのこともあって、この地震では、コロッセオやバチカンで被害が出たと考えられている。

このように、われわれ日本人とローマの人々は、〝変動帯がもたらす災害〟という同じ試練のもとで、長い年月を生きてきた。「ローマの歴史の中には、人類の経験すべてが詰まっている」(丸山眞男)。ここでは、古代からルネッサンス期まで対象を拡げ、地盤災害の視点からローマの歴史を見てみよう。

コロッセオのある限り

「コロッセオが立つ限り、ローマは存するだろう。コロッセオが崩れるとき、ローマも滅びるだろう」と謳った歴史家兼詩人[3]もいたほど、コロッセオは、古代から現代までローマの象徴とも言える建造物である。実際、この建物を作るローマンコンクリートは耐久性に優れ、現代の鉄筋コンクリートよりもはるかに寿命が長い[4]。おそらく、現代日本に林立するバブル期のビル群が崩壊した後にも、コロッセオは立っているに違いない。パンテオンや水道施設と同様、古代ローマ人の建築・土木における非凡な能力の象徴である。

(3) 〝イギリス史の父〟、ベーダ師。石鍋真澄(1990):サンピエトロがたつかぎり、吉川弘文館、九一ページ
(4) 小林一輔(2004):コンクリートの文明誌、岩波書店

コロッセオは紀元七五年にウェスパシアヌス帝によって建設が始められた施設で、前代の皇帝ネロの黄金宮殿の跡地に建てられた。黄金宮殿は広大な敷地を持つ大規模な施設であったが、古代から敷地は他の公共施設に転用され、その遺構の大部分は地下に埋もれている。したがって、全貌は明らかになっていないが、主要な建物は台地（オッピオの丘）と斜面上に配置され、南の谷筋は主に庭園として使われていた。当時のローマは既に人口過密な状態であったが、その状況で大規模な建築計画を実現できた点に皇帝ネロの権力の大きさを感じる。ただし、敷地を確保するために大規模火災を利用したため、ローマ市民の恨みをかった。大災害が為政者にとって区画整理のチャンスである点は洋の東西を問わない。

ローマのような古代から続く都市では、自然の地形の上に様々な時代の遺構が積み重なり、本来の地形が読みにくくなっている。しかし、実際に現地を歩いて微妙な高低差を確認し、地表に表れた様々なサインを観察すると、都市の歴史や文化を支えてきた地盤の特徴が見えてくる。地形、地盤、歴史と文化、それらを一体として見ることで、災害を含む都市の歴史がよりはっきり浮かび上がるのである。

さて、コロッセオが建てられたのは、オッピオの丘の南側を東西に延びる谷の中で、宮殿の池を含む部分だった。つまり、敷地の一部は、軟弱な地層からなる沖積低地の上のさらに軟弱な地盤にかかることになった。皇帝ネロの記憶を消したいという意味もあったが、この頃にはローマ中心部で建設用地が不足気味であったことも影響したと考えられる。しかし、この敷地計画は、コロッセオのその後に重大な結果をもたらした。

コロッセオは、古代の円形競技場として最大の規模で、周囲五二六メートル、長径一八八メートル、短径一五六メートル、高さ五〇メートル、収容人員は約五万人であった。内部には長径七六メートル、短径四六メートルの舞台に向かって、すり鉢状に落ち込む観覧席があり、それらを最大四層のアーチで支えていた。しかし、現在では最も外側の四層アーチ部分の約半分が崩れ落ちている。実は、この崩れ落ちた部分の地盤は軟弱な沖積層であり、一部は池の跡である。これに対し、現在でもほぼ完全な構造が残っている部分は、台地を切土して平坦化した部分に相当する。つまり、コロッセオの基礎には地盤の悪い部分（沖積層＋池の跡）と良い部分（古い地層）があり、地盤の悪い部分で建物の崩壊が起きているのである（**図2**）。地盤条件の違いは、建物の局部的な揺れの違いを引き起こし、地盤が軟弱な場合は大きく揺れる。さしもの頑丈なローマンコンクリートも地盤の影響は免れ得なかったのだろう。

古代ローマでのインフラ整備は、政治家が人気取りのために私費で行うことが多かった。そのため、コロッセオ内部には自己宣伝としての修復記念碑が、いくつも残されている。コロッセオに影響を与えた地震を推定する上で、これらの修復記念碑に刻まれた文字が手がかりになる。それらから、コロッセオは四四三年と五〇八年の地震で被害を受けたことがわかる。しかし、それ以後の記録は無い。

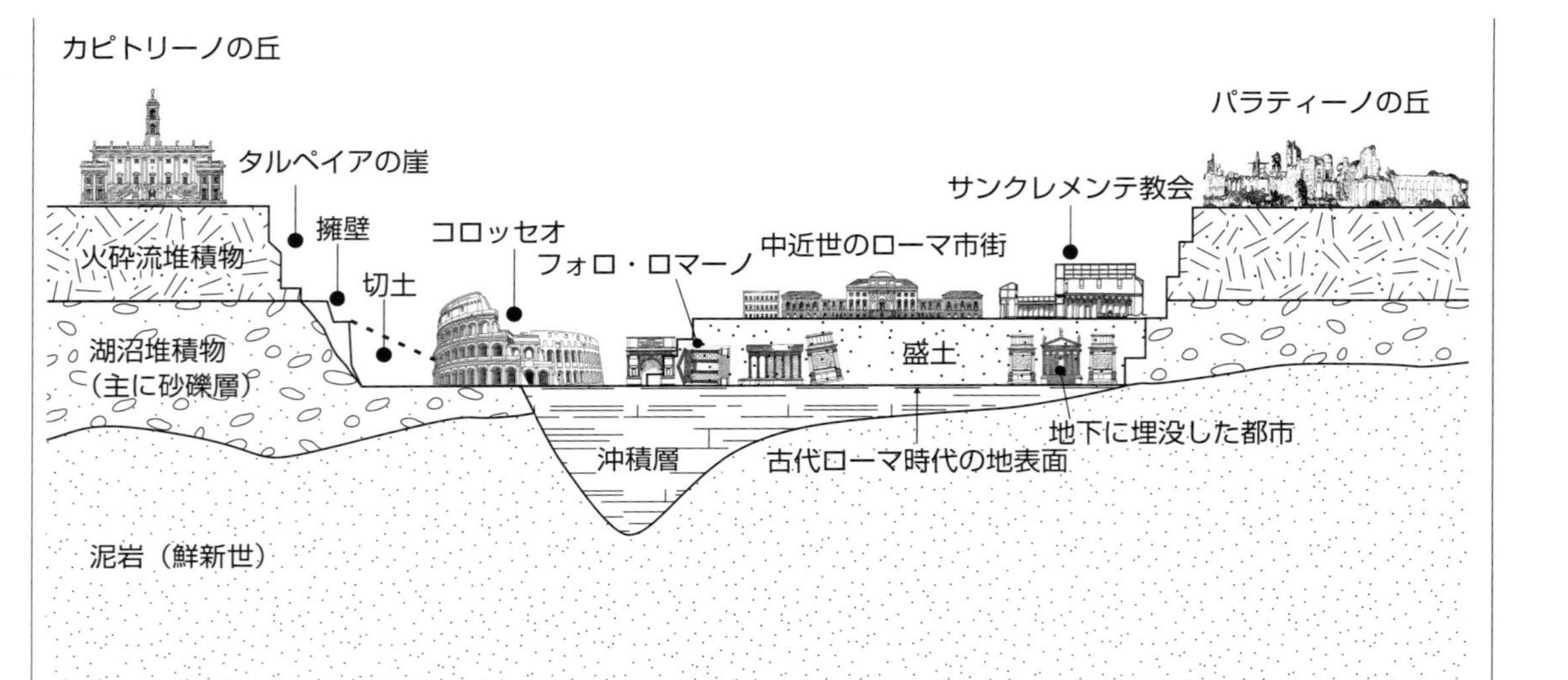

図 2 ●ローマ市中心部における遺跡と地形地質との関係。コロッセオの崩壊部分は軟弱な沖積層の上に位置している。中世以降、古代ローマ時代の地表面は厚い盛土で嵩上げされたため、多くの遺跡が建物の地下に埋もれている。
建築イラスト：コロッセオ　http://freecut.studio-web.net
：パラティーノの丘　著者作成
：その他　『イラスト資料世界の建築』（古宇田實・斉藤茂三郎 1996 年マール社）

帝国が崩壊したからである。この中世の時期に起こった地震の中で揺れが大きく、コロッセオを破壊した可能性のある地震としては八〇一年、一三四九年、一七〇三年の地震が考えられる。中でも、一三四九年の地震によるローマでの揺れはこの中で最大であり、他の構造物にも被害を与えた[5]。

話題をメンテナンスに戻そう。帝国の統治が機能していた間には曲がりなりにも実施されていた修復工事は、中世には全く行われなくなった。それどころか、表面の大理石は剥がされて他の建物（教会等）に転用された。こうした荒廃の原因としては、政治・経済システムの混乱とともに、ローマンコンクリートの技術が途絶えてしまったことが大きい[6]。二〇〇〇年後の今も、確かにコロッセオは立っていて、都市ローマも存続している。しかし、その姿は地盤条件を考慮した建築計画、箱物のメンテナンス、そして技術伝承の重要性を訴えかけている。

（5） 中村豊ほか（1998）：常時微動を用いたローマ・コロッセオの地震動特性の予備的調査、第一〇回日本地震工学シンポジウム

（6） 前掲「コンクリートの文明誌」

世界史を揺るがした地震

ローマのバチカン市国は、カトリック世界の首都である。バチカン市国の象徴はサンピエトロ寺院（教会）であるが、現在の建物は一七世紀に完成した二代目で、バロック様式で飾られている。この教会の本堂は、特にサンピエトロのバシリカとも呼ばれる。バシリカとは、本来ローマ建築の様式のことで、裁判所や取引所などに用いられた。多くの人々が集まれるように、列柱で大屋根を支え内部に大空間を実現している。そのため、初期キリスト教会も多くはこの様式を用いた。ただし、教会の制度が整備されるとバシリカという呼称は、仏教における大本山のように由緒と格式のある大教会においてのみ、使用を許されるようになった。

地質的に見ると、サンピエトロのバシリカを含むバチカンの建物群は、ティベレ川右岸の丘陵を構成する固結した泥岩とティベレ川が運んだ軟らかい堆積物（沖積層）の境目に位置している（図3a）。現在、バシリカ（大聖堂）へは広場から階段を上って入るようになっているが、この階段付近が二つの地層の境界である（図3c）。手前の広場の部分には、軟弱な沖積層が分布するため、広場の裏手では地盤沈下によって道路の表面がうねっている（図3b）。

さて、初代のサンピエトロ寺院は、三二〇年にコンスタンティヌス帝によって建てられたローマ風

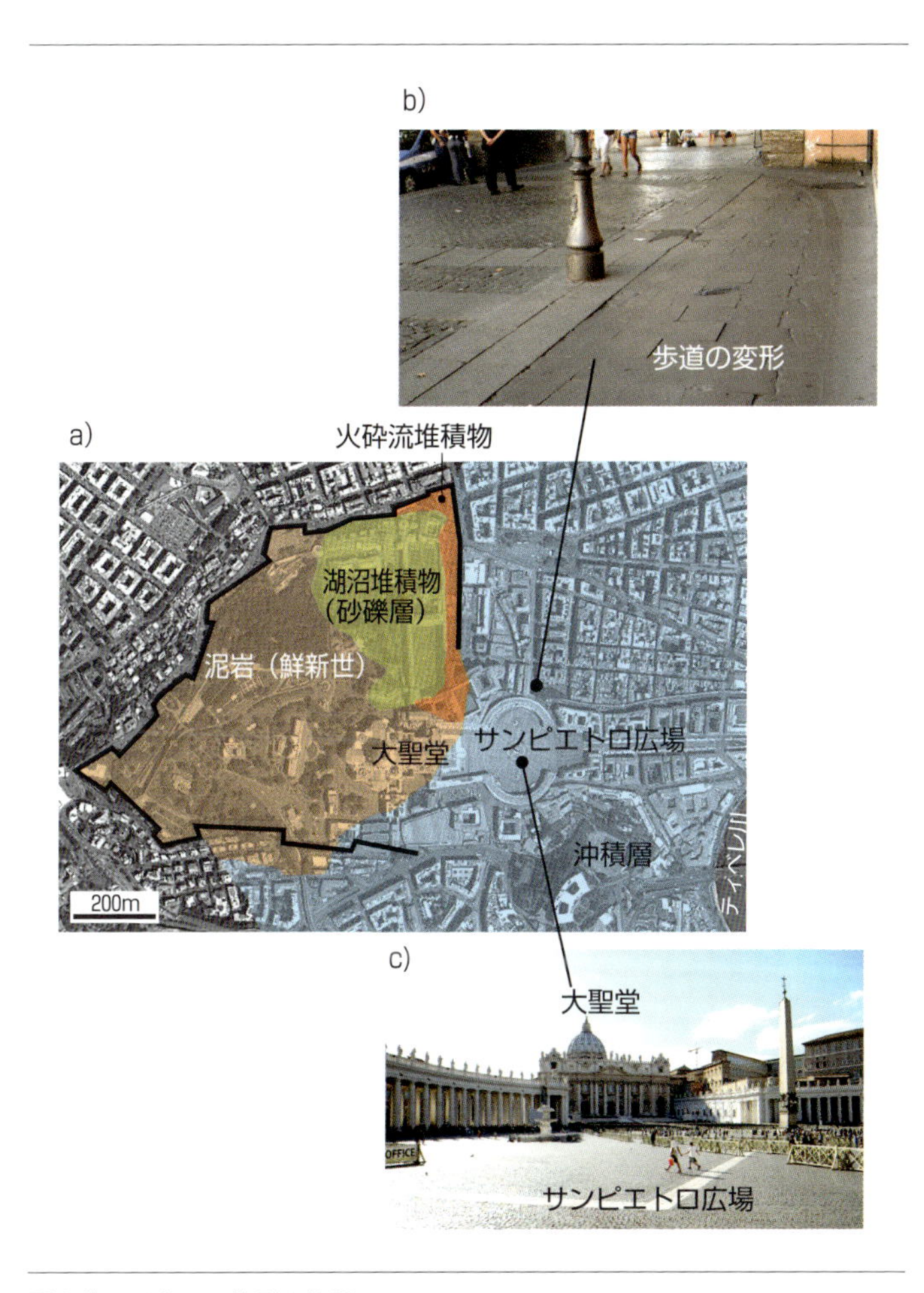

図3 ●バチカンの地形と地質

a) 平面図。現在の大聖堂は堅固な地盤の上に建てられている。(2016 Google)

b) 変形している広場脇の歩道。軟らかい沖積層の地盤沈下が原因と考えられる。

c) 沖積層の上に計画されたサンピエトロ広場。大聖堂前面の階段が、地層の境界に相当する。本来の境界は高い急崖であったが、堅固な地盤側が人工的に削平され、段差が低くなった。

のバシリカであった。ここに最も重要な教会が建てられたのは、以前ここに皇帝ネロのチルクス（競技場）があり、そこで聖ペテロが殉教し、彼の墓があるとされるからである。実際、法王庁による発掘調査では、地下にネクロポリス（初期キリスト教徒の墓地）と祭壇の跡が発見されており、建物はそれを取り囲むように作られている。敷地は丘陵と低地の境界であるので、大きな高低差があったが、大規模な土木工事によって丘は削られ低地は嵩上げされて高低差は緩和された。それから数世紀の間、建物は老朽化しながらも特に大過なく過ごしたが、一三四九年の地震はこの教会に深刻な損傷を与えた。[7]旧サンピエトロのバシリカの被害状況は明らかではないが、付随する鐘楼が倒壊したとも伝えられている。この地震による揺れは、わが国で使われている気象庁の震度に直すと最大で震度五強から六弱の揺れである。強い揺れであることは間違いないが、イタリアでも二〇〇～三〇〇年に一度は起きている規模の地震であった。しかし、この時の揺れで大被害となった理由は、ちょうど建物が堅固な岩盤と軟弱な地層（沖積層）を跨いで建設されていたためである。つまり、両者の揺れの差によって被害が拡大された。コロッセオの被害と同じメカニズムである。

その後、サンピエトロの再建は法王庁の悲願となった。その結果、ジュリオ二世（在位：一五〇三～一五一三）とブラマンテ、レオ一〇世（在位：一五一三～一五二一）とラファエロ、パウルス三世（在位：一五三四～一五四九）とミケランジェロのコンビによって、聖堂の基本型が作られた。その後、ウルバヌス八世（在位：一六二三～一六四四）の時代にベルニーニ（ジャン・ロレンツォ）によって聖堂前の空間が広場として計画され、現在に至っている。[8] 地盤のことまで考慮していたかは定かでないが、結果的にベルニーニのプランは、地盤が軟弱な部分には重い建物を配置せずに広場とし、あえて建物を作らないという逆転の発想で劇的な効果を作り出した。すばらしい設計である。

しかし、こうした教会の建て替えは、莫大な資金を必要とした。そのために、レオ一〇世は、贖宥状（免罪符）販売を企画し、購入者に全贖宥が与えられることを布告した。しかし、このことに神学上の疑問を呈し、議論を挑んだのが、マルティン・ルターである。[9] 一五一七年一〇月三一日、ルターはウィッテンベルク大学の聖堂の扉に贖宥状の慣習に疑問を投げかける「九五ヶ条の論題」を張り出し、意見交換を呼びかけた。宛先は、神聖ローマ帝国（ドイツ）で贖宥状販売を一手に手がけ、販売益を法王庁に献金することでマインツ大司教にまでのし上がった、アルブレヒト・フォン・ブランデンブルクであった。この出来事は、キリスト教における宗教改革の発端としてよく知られている。歴史に「もし」は禁句かも知れないが、そもそも旧サンピエトロ寺院の基礎地盤がより堅固であれば、一三四九年の地震によって損傷することもなかったわけで、急いで建て替える必要は生じなかった可

（7） R.Funiciello et.al. (2004)：Walking through downtown Roma. A discovery tour on the key role of geology in the history and urban development of the city, 32nd IGC exploration guide.

（8） 石鍋真澄 (2010)：ベルニーニ――バロック美術の巨星、吉川弘文館

（9） 徳善義和 (2012)：マルティン・ルター、岩波新書

能性がある。つまり、このケースでも地質という自然条件が、世界史を大きく揺り動かしたと言える。

古代のツインタワー

一三四九年の地震かどうかは不明であるが、ローマ市内には、他にも地震の痕跡が数多く存在する。例えば、マルクス・アウレリウス帝の記念柱である。これは皇帝の栄誉を記念して市内の広場に建てられた石造りの柱で、ローマには他にトラヤヌス帝の記念柱が残っている。これらの構造はほぼ共通していて、高さ約三〇メートルの円柱が約一〇メートルの台座に載っていて全体で約四〇メートルの高さである。円柱は、直径約三・七メートル、高さ約一・五メートルの円盤状の大理石を二〇〜三〇個積み上げて構成されている。円柱と台座の内部は空洞で螺旋階段が設けられ、表面には皇帝在位中の主な戦争の場面が螺旋形の帯状浮き彫りで描かれている。建造物として見ると、トラヤヌス帝の記念柱はマルクス・アウレリウス帝の記念柱に比べて古く、しかし保存状態が良いという特徴がある。表面の浮き彫りのデザインは、後世の記念柱（例えば、ナポレオンのアウステリッツ記念柱）にも影響を与えた。その様式は均整がとれ、静謐でまさに古典時代の趣がある。一方、マルクス・アウレリウス帝の記念柱表面の浮き彫りは、何となく動きがあり、感情に訴えかけて来るものがある。建造が古典時代後期という美術史的な要素もあるが、実はよく見ると、マルクス・アウレリウス帝記念柱の浮き彫りは、微妙に絵柄がずれている。つまり、本当に動いているのである（図4）。もちろん、最初からずれているはずはないので、浮き彫りの絵柄のずれは、記念柱が捻れるように運動したことを示す証拠である。この記念柱があるコロンナ広場は、現在は政府機関が集まるローマの都心であるが、古代にはフォロ・ロマーノから少し離れた下町であった。地盤はティベレ川本流が運んだ砂や粘土で、厚い沖積層からなっている。基礎地盤としては、コロッセオよりも条件が悪い場所である。こうした地盤では、地震の度に震動が大きく増幅されるので、円柱に大きな地震力がかかり、絵柄がずれてしまったのだと思われる。一方、トラヤヌス帝の記念柱は、鮮新世の砂岩の上に建っている。基礎地盤がしっかりしているので地震によって柱が損傷しなかった。しかし、台座の一部が崩れ落ちて、現在に至っている。

こうした記念柱は、皇帝達の自己顕示欲の記念碑であると同時に、地震の記念碑でもある。

図4●マルクス・アウレリウスの記念柱。沖積層の上に建てられているため、地震によって変形し、浮き彫りの絵柄がずれている。

ローマの地下世界

ローマの中心部を流れるティベレ川は度々氾濫し、低地部に大きな被害をもたらしてきた。洪水は秋から冬にかけて起こり、たいていは北のポポロ門の方から流れ下り、カピトリーノ付近にまで達した[10]。実際、パンテオンの近くにあるサンタ・マリア・ソプラ・ミネルバ教会の外壁面には、洪水の水位と年代を記録したプレートが何枚も埋め込まれている（図5a）。最も高いものは、一五九八年のもので高さ（洪水の水位）は約四メートルである。このため、場所にもよるが、ティベレ川の谷底低地では時代が下る毎に土地が嵩上げされ、中心部では嵩上げされた地盤の厚さが一〇メートル程度に達している。ナツィオナーレ通り119Aにあるサン・ヴィターレ聖堂は、四〇二年教皇インノケンティウス一世によって改築された小さな教会である。教会は今でも当時のままに建っているが、周囲が大規模に嵩上げされたため、教会の敷地が道路から約七メートルも低くなってしまった（図5b）。しかし、この教会のように保存された例以外は、様々な時代の遺構が地下に埋蔵される結果になった。もちろん、最下部は古代ローマの遺構であるが、その上に中世の遺構が積み重なり、重層的なローマ

（10）　石鍋真澄（1990）：サンピエトロが立つかぎり——私のローマ案内、吉川弘文館、六一ページ

a)

b)

図5●ローマ市内の水害と嵩上げ盛土
a）サンタ・マリア・ソプラ・ミネルバ教会の壁面に記録された洪水の水位。19世紀のものを除けば、年代と経過とともに水位が上昇している。上流域の開発の影響と考えられる。
b）現代の地表面から見たサン・ヴィターレ聖堂。5世紀以降、地盤が約7m嵩上げされている。

の地下世界を構成している。

遺構のうち小さいものは単に埋まっているだけであるが、大きな建物の地下で発見される遺構は、しばしば大規模な空間を伴っており、あたかも古代都市が丸ごと埋まっているように見える（図2）。サンクレメンテ教会は、そうした地下世界がよく保存されていることで有名である。この教会は、コロッセオが建っている谷を少し上流に辿った所にあり、一二世紀の建築が建っている現在の敷地そのものも、周囲の道路のレベル（つまり、現代のローマ）よりも約一・八メートル低い。しかしそれでも、地上にあるのはこの教会の三分の一に過ぎず、地下一階には、四世紀の初期キリスト教時代の教会、さらにその下の地下二階（地下約一四メートル）には二〜三世紀に建設されたミトラ教神殿[11]の跡と一世紀のローマ貴族の館が埋まっている。この地下二階の古代館跡の壁面からは、かなりの水量の地下水が、当時の給水口を伝って現在も湧き出している。ローマにおける浅層地下水は、第四紀層（火砕流堆積物：中期更新世、約七八万年前〜一二万年前、および湖沼堆積物：中期〜初期更新世、約七八万年前〜二〇〇万年前）の下面で湧出していることが多い。第四紀層を構成する火砕流堆積物や湖沼堆積物（主に砂礫層）は空隙が多く雨水をよく通すのに対し、その下の鮮新世の岩盤（主に泥岩）は水を通しにくいからである。ティベレ川右岸のジャニコロの丘からモンテベルデに至る地域では、透水性の高い第四紀層の下底面が丘の斜面に露出し、そこから地下水が湧き出している様子を観察することができる。これらの泉はちょうど坂の上り口にあるため、古くから人々の飲料水として重要だった。しかし一方、豊かな地下水が存在する代償として、丘の斜面では地すべりが発生している。モンテベルデでは、地すべりが一九二五年ごろから始まり、一九六四年には住宅やライフラインに深刻な被害を与えたことが記録されている[12]。

(11) ミトレウム。ミトラ教は、帝政初期に流行したキリスト教に似た一神教。ペルシャ起源と言われる。兵士や役人に信者が多かった。

(12) V. Eulilli et.al. (2014)：The Role of Geophysics in Urban Landslides Studies：Two Case Histories in Rome, 12th IAEG Congress, Torino.

一方、ティベレ川の左岸のローマ中心部では、第四紀層の下底面は右岸よりも低い。そのため、地下水の水位はローマ中心部の谷では、ほぼ谷底のレベルにある。サンクレメンテ教会で見られる地下水のレベルは、古代ローマ遺構の最下部であり、ちょうど当時の谷底に相当すると考えられる。つまり、教会の最深部を流れていた地下水は、自然の広域地下水系が都市の遺構を含みつつ、現在も機能していることを示す証拠の一つである。

一方、谷壁に湧出する多量の地下水によって、古代ローマ時代の谷の中は湿地であることが多かった。したがって、古代ローマの都市建設においては、谷底の排水が不可欠で、そのためにクロアカ・マキシマ（大排水路）と呼ばれる長大な排水路網（開渠、暗渠）が建設された。その全貌は明らかではないが、サンクレメンテ、コロッセオ、チルコ・マッシモを経る排水路のルートは、古代ローマのクロアカ・マキシマ（幹線排水システム）の一部であると思われる。この排水路の出口は、現在もチルコ・マッシモから続くティベレ川の河岸で見ることができる。古代の排水系の一部は、現代の下水道と並立しつつ現在も機能し、中心部の雨水や地下水をティベレ川に流しているのである。また、クロアカ・マキシマがティベル川に合流する付近にサンタ・マリア・イン・コスメディン教会がある。ここに保存されている「真実の口」は、クロアカ・マキシマのマンホールの蓋であるという。地上での記憶は失われてしまったが、地下では脈々と水と時間が流れている。

先に述べたコロッセオ、バチカン、皇帝記念柱の三例が、いわば自然条件が歴史に及ぼした影響であるとすれば、ローマの地下世界は、その影響が決して一方向だけでなく、歴史という人為の集積と自然システムの相互作用が、複雑な都市地盤や地下水系を作り上げた典型的な例である。同様な事例は各国の歴史都市に見られるが、このことが地盤災害にもたらす重大な意味をわれわれは現代の日本でも見ることができる。

古代のゴミ山

ローマ市街の南部、アヴェンティーノの丘の南西に拡がる低地に、ローマ八番目の丘とでも言うべき奇妙な丘がある。テスタッチオ（mons Testaceus）と呼ばれるこの小山は、周囲一キロメートル、低地からの比高約三三メートル（標高約四八メートル）の小さな孤立丘に過ぎない。しかし、この丘は、その材料がほとんど古代の陶器片でできており、人工のものとしてはローマで最も高い丘である（図6a）。古代ローマ時代、この丘の近くには、ティベレ川沿いの商業港があり、倉庫や食料市場が建ち並んでいた。この当時、オリーブやワイン、ガルムソースといった液体は、アンフォラという細長い形状の壺に入れて輸送された。いわば、古代地中海世界のコンテナである。テスタッチオの陶器片のほとんどは、このアンフォラの破片からなっている（図6c）。その数、およそ一三〇〇万個。ア

図 6 ●古代ローマの人工の丘テスタッチオ
a）屋根よりもはるかに高く積み上げられた陶片の山
b）テスタッチオの内部。陶片で土留め（影の部分）が作られている。
c）発掘された土器

ンフォラは、古代ギリシャ時代から使われているので形から産地や年代を知ることができる。復元された壺の形式から、この丘に集積された陶器片の年代は、およそ紀元一世紀（帝政開始期）から三世紀半ばの約三〇〇年間と推定される[13]。

この丘は要するに廃棄物処分場であるので、できるだけ小さい面積で高く積み上げることが必要だった。そのため、丘の外周斜面は急角度に立ち上がっている。これを可能にしたのは、計画性と偶然の両方である。丘の構成層の断面を見ると、陶器片は湾曲した凸面を下に整然と積み重ねられていることがわかる。漫然と積み始めたのではなく、形を揃えた陶器片で土留めしたテラスを何段も積み重ねるようにして構築しており、計画的に陶器片の山（盛土）を築こうとしていたことがうかがわれる（**図6b**）。一方、陶器片の多くには有機物と石灰が付着していた。石灰は、おそらく有機物の腐敗による悪臭を防ぐために播かれたと思われる。しかし、大量の石灰の存在は、結果的に材料の粘着力を増すことになった。そのため、この丘の斜面では、塊として壊れにくく、かつ排水が良好という理想的な状況が実現した。事実二〇〇〇年間、一部では小さな地すべりも起きたが、概ね原形が保たれ、現在に至っている。

（13）　M. Del Mnonte et.al.（2013）：Geosites within Rome city center（Italy）：a mixture of cultural and geomorphological heritage, Geogr. Fis. Dinam. Quat., 36.

三世紀以降、この丘は処分場としての役割を終えた。四世紀には、一部が切り崩されて貴族の墓が作られた。中世には、周囲は葡萄畑となり、丘の壁面に空けられた多くの穴はワインセラーとして使われた。一九世紀に草山となった丘は、ピクニックの穴場として市民の憩いの場となった。現在、丘の周辺は「ローマの台所」として知られ、二〇〇〇年経った今も、〝食〟に関係する土地として利用され続けている。土地の記憶とはそういうものかも知れない。

二〇〇〇年前の震災復興

古代ローマ文明の偉大さは、遠く離れた辺境の都市でも文明を享受することを保証した点にある。バレオ・クラウディア (Baleo Claudia) は、スペイン南西端のアフリカに最も近い部分、タリファという町の近郊に位置する古代ローマの遺跡である。現在は、ボローニャという人口五〇〇人程度の小さな漁村に過ぎないが、古代ローマ時代には、円形劇場や神殿を持つ立派な辺境都市が建設されていた。この町を含むジブラルタル地方は、地中海と大西洋の間を回遊するマグロ（大西洋マグロ）の通り道に当たり、現代でも良い漁場が広がっている。古代には、この豊富な水産資源をベースにした魚醤 (garum) の生産が、この町の基幹産業であった。バレオ・クラウディアは、アウグストス（紀元前六三～紀元一四）の時代に都市として発展し、町の名前の由来になったようにクラウディウス帝（在位：紀元四一～五四）の時代に最盛期を迎えた。同じような辺境都市はローマ時代には多数建設された。しかし、バレオ・クラウディアが他の都市に比べて興味深いのは、度重なる災害の痕跡をよく保存する古代ローマ遺跡であるからに他ならない（図7a）[14]。

災害の状況は主に発掘時の土層断面に記録されているが、最も長期間の記録はイシス（Isis）神殿裏のゴミ捨て場から得られた（図7b）。ここの土層断面を見ると、神殿が建てられてすぐに神殿の壁が崩れ落ちるほどの地震を経験したことがわかる。エジプトの神であるイシス神[15]は、ローマのエジプト征服（紀元前三〇年）後にローマ社会に浸透した。このこととローマ本国での記録から、この地震が起こったのは一世紀半ば（紀元五〇年頃）と推定されている。この時、バレオ・クラウディアは、神殿を含め、円形競技場、城壁など都市の主要な施設が損壊するほどの地震災害を経験した。しかし、崩壊した神殿の壁の上には急速にゴミが貯まりだしていることから、この危機からは上手く立ち直れたらしく、都市機能は速やかに回復されたと推定される。しかし、二世紀の半ばぐらいから、経済活

（14） INQUA-IGCP567 (2009)：Field training course notebook, Int. workshop on earthquake archaeology and palaeoseismology, Baelo Claudia.
（15） 豊穣の女神。神話では、オシリスの妻、ホルスの母。

a)

b)

図 7 ●バレオ・クラウディアにおける災害の痕跡

a）フォーラム（広場）付近に残る地すべりの痕跡。手前の壁が押し出されるとともに、敷石が盛り上がりずれている。災害は 3 世紀頃に発生したが、町は復興されなかった。

b）イシス神殿背後に捨てられたゴミの断面。ゴミの種類から 3 世紀頃になると町の経済活動が衰えてきたことがわかる。

動は緩やかに衰退に向かい、三世紀の終わりには街は荒廃した。陶片などゴミに含まれるものの質が急激に悪くなるのである。この急激な衰退の背景は、〝三世紀における帝国の危機〟とも考えられるが、最大の原因は、この頃運悪く発生した地震であろう。これによって再び街は荒廃したが、今度の復興は上手くいかなかった。その後、三世紀終わりから四世紀半ばに一部再建されたが、四世紀の終わりに再び荒廃し、都市は終焉を迎えた。それから約二〇〇〇年後の日本は、東日本大震災に見舞われた。震災復興を支えるのは、結局は国力であることを、バレオ・クラウディアの歴史は物語っている。わが国の震災復興はどのようなものになるのか、歴史が注目している。

Column 1

「タルペイアの崖」の地層

古代ギリシャ・ローマ世界の英雄達の事跡を描いたプルターク英雄伝（ロムルス伝）の中に、タルペイアという娘の逸話がある。建国初期、ローマは周辺の諸都市と争いが絶えなかった。プルターク英雄伝によれば、初期のローマは男性ばかりの入植地だったので、女性が足りなかった。そこで、建国者であり初代の王であったロムルスが計略を用いてサビーニ人の娘達を誘拐し、強引に自分達の妻とした。当然怒ったサビーニ人との間で戦争となったが、ローマの防備も固かった。しかし、守備隊長の娘であったタルペイアがサビーニ人の王であるタティウスが身につけていた金細工に目がくらみ、内応して砦の門を開けた

上　フォロ・ロマーノ越しに望む供給源の火山
下　タルペイアの崖に露出する火砕流堆積物

ためローマは危機に陥った。サビーニ人達が砦を占領した後、彼女が内応の代償として金の腕輪を求めたところ、タティウスは彼女の裏切り行為を軽蔑し、身につけていた盾と金の腕輪を彼女に投げつけた。他の兵士も王にならったので、彼女は圧死したという。彼女の遺体は、カピトリーノの丘の裏手にある高さ二〇メートルほどの崖から投げ捨てられた。それゆえこの崖はタルペイアの岩（rupes Tarpeia）と呼ばれている。それ以来、古代ローマでの国家犯罪者はこの崖から投げ落とされて処刑されたという。それは極めて不名誉なこととみなされ、ある意味で単なる死刑よりもひどい処刑方法だった。

　さて、この崖の地質である。ローマ中心部の七つの丘は、基本的に更新世の火砕流堆積物からなっている。火砕流堆積物とは、大規模な噴火の際、火山から流れ下ってきた熱い火山灰や溶岩の破片が締め固まったものである。イタリアの中部から南部のティレニア海側には、一つ一つが阿蘇山級の大きな火山がいくつも連なっており、ローマは北のサバティーニ火山と南のコッリ・アルバーニ火山の裾野が重なった低い部分に発達してきた（写真上）。タルペイアの崖では、複数の火砕流堆積物と火山灰の地層が見られるが、それらはローマの南と北からやって来た火砕流堆積物が積み重なったものである（写真下）。この崖の下部には、サバティーニ火山から噴出したサクロファーノ層と呼ばれる地層が露出している。全体に灰色の地層で、何枚もの火砕流堆積物と火山灰が水平に成層している。崖の中央部には、ティベレ川方向に傾斜する顕著な浸食面（不整合面）があり、上部はリオナート凝灰岩と呼ばれる黄褐色で塊状の溶結凝灰岩が、厚く堆積している。「溶結」とは、読んで字の如く、火山灰が自らの熱で溶けて固まることを意味する。この溶結凝灰岩は約三五万年前に、ローマの南のコッリ・アルバーニ火山から、大規模な噴火にともなって噴出したとされている。固くて軽い岩質のため、古代ローマでは石材としてよく用いられた。この時の噴火は、火山の一生のうち一回あるかないかという大規模なもので、噴出した後に火山の山頂付近が陥没してカルデラが形成された。

火砕流堆積物は、年代のわりによく固結しているため、川などに浸食されて急崖を作りやすい。タルペイアの崖もその一つである。しかし、地表に出ているのはごく一部であり、崖の下では氷期に形成された深い箱形の谷の側壁として、地下に続いている。この谷を埋めているのは、約二万年以降に川が運んだ軟らかい堆積物である。そのため、崖の上の台地と崖下の低地とでは、地盤の堅さに大きな違いがあった。このことは、やがてローマの災害史に大きな影響を及ぼしてゆく。長い地層の時間の上に、歴史の時間は積み重なっている。

Column 2

リスボン地震の災後

一七五五年一一月一日に発生したリスボン地震（マグニチュード八・五）は、大西洋地域では、史上最大の地震である。約一〇万人がこの地震で死亡したとされている。被害は、主にイベリア半島やモロッコの沿岸を襲った津波によってもたらされた。バレオ・クラウディアの北で大西洋に突き出しているトラファルガー岬では、この時の津波でもたらされた巨大な岩塊が折り重なっている（写真）。半世紀後の一八〇五年一〇月二一日、有名なトラファルガーの海戦[16]は、この岬の沖で行われた。

地震による人的被害の大きさもさることながら、この地震が当時のヨーロッパ社会に与えた揺れは強烈であった。それはこの地震が、特別な「時代」の特別な「都市」の特別な「日時」に発生したからである。まさにタイミングが悪かったと言える。当時の人々にとって、地震とはふしだらな人間に対して神が与えた罰に他ならない。しかし、一八世紀のポルトガルは国を挙げて教会を援助し、海外植民地にキリスト教を宣教してきた「カソリックの優等生」であった。そのポルトガルの首都リスボンが、よりによってハロウィーンの日（キリスト教の祝日、万聖節）に、ミサの最中の聖堂もろとも火災と津波で破壊されたのは、確かに衝撃的な事件であった。人々は「なぜ、リスボンが」、「なぜ、万聖節のミサの最中に」という疑問を強く持った。一八世紀のヨーロッパは啓蒙主義の時代である。この頃から、多くの一般の人々が本を読み、議論し、政治・経済・社会の改良について積極的に発言するようになった。オピニオンリーダーの発言は書簡の形で書き継がれ、拡がっていった。この地震の情報もそうしたネットワークに乗って瞬く間にヨーロ

ッパ中に拡がった。この地震以後、地震は神の意思表示であるという中世的思想は影を潜め、地震は自然現象という認識が主流となっていく。地震直後に哲学者カントが著した三編の論文は、地震を自然現象として説明しようとした最初の試みである。

当時は、宗教改革の激震も収まって、ライプニッツの弁神論が台頭し、社会が一応の安定を見せた時代である。しかし、「最善の社会を導く、慈悲深く全能」の神が、一〇万もの人々を無残に殺すことを弁神論で説明することは難しい。このように楽観主義に対する痛烈な批判という点では、この地震の影響は、現代のホロコーストやアメリカ同時多発テロ、そして東北地方太平洋沖地震による津波被害にどこか似ている。ヴォルテールは、悪漢小説のガンディードの中でこの地震をリアルに描写して弁神論に別れを告げ、本格的な啓蒙思想の扉を開いた。

トラファルガー岬に積み重なった岩塊。1755年リスボン地震による津波で運ばれたと考えられる。

アダムスミスやルソーも思想上の影響を受けた。彼らは、この後、より深く長い思索の旅を続けることになる。いわば、近代思想という回路によっても、この地震とわれわれはつながっている。

（16）ホーレイショ・ネルソン率いるイギリス艦隊が、フランス、スペインの連合艦隊を破り、ナポレオン戦争における制海権を決定づけた海戦。

塊が積み重なっている事例もある（コラム２参照）。これらを分析して、海溝付近で発生する巨大地震の再来周期を探る試みが続けられている。

2011年東北地方太平洋沖地震の発生と津波被害は、その規模の点で想定外であったと言われている。しかし、仙台平野や石巻平野における地震考古学や**津波堆積物**の研究では、869年（貞観11年）貞観地震の際に相当内陸まで津波が到達した痕跡が発見されていた[18]。また、百人一首に収録されている清原元輔の歌、「契りきなかたみに袖をしぼりつつ末の松山なみこさじとは」に出てくる「末の松山」は、今回の津波で被害を受けた宮城県多賀城市にある有名な歌枕である。「末の松山」を読んだ歌は他にも多いが、いずれも波に関係しており、貞観地震による津波被害の大きさを想起させる。しかし、実際の防災対策においては、これらの重要な示唆は活かされなかった。その主な原因は、工学の側に長い時間スケールで対象を扱う姿勢が不足していたためと考えられる。今回の件は、分野を超えた情報の共有と理解が、防災・減災に重要であることを示す教訓である。

噴砂痕と地盤沈下（2004年新潟県中越地震、長岡市）

(18)　澤井ほか（2006）：仙台平野の堆積物に記録された歴史時代の巨大津波ー1611年慶長三陸津波と869年貞観津波の浸水域、地質ニュース、624

基礎知識1◆地震の痕跡

1980年代の後半から、遺跡の発掘現場で地震の痕跡を調べる「**地震考古学**」が普及し始めた。提唱者は、地質調査所（現、産業技術総合研究所）の寒川旭である。「地震考古学」は、遺跡の発掘担当者からの「遺跡で地震の跡が出るとしたら、どんな形になりますか」という質問から始まった。寒川旭の答えは、「砂の詰まった割れ目がたくさん見つかるはず」であり、実際、そうした割れ目（噴砂跡）が、多くの遺跡で見つかるようになった。[17]もちろん、砂の詰まった割れ目の存在は以前から知られていた。それが地震の痕跡であるという認識が、足りなかっただけである。四書五経の一つ「大学」に、「心不在焉、視而不見（心ここにあらざれば、見えども見えず）」という一文がある。これにならって言えば、地質学とは、視るための心を養う学問である。

全国の遺跡から地震の痕跡が報告されるようになった結果、歴史史料の無かった時代や地域での地震の歴史がわかるようになった。具体的には、プレート境界の巨大地震の発生間隔や内陸活断層の最新活動時期について、新しい重要な情報が得られている。これが「地震考古学」の第一の成果である。さらに、地層の変形状態を詳しく観察することにより、液状化や地すべり現象の理解が深まることも期待されている。この点については、本文第2章でも詳しく述べられている。

一方、巨大地震が津波を発生させた場合、大規模な津波がもたらした堆積物が海岸地帯に残されている場合がある。通常は泥が堆積するような穏やかな内湾や湖沼の環境に津波が侵入すると、海底から巻き上げられた砂や礫、生物遺骸等からなる異常な堆積物が残される。また、磯浜に海底からもたらされた岩

---

(17)　寒川旭（1999）：遺跡に見られる液状化現象の痕跡、地学雑誌、108

第2章……古墳は語る――科学と考古学の間

わが国には約一六万基の古墳が知られている。古墳は三世紀後半から七世紀半ばぐらいまで作られた権力者の墳墓であり、本来は整然とした幾何学的形状をしていた。しかし、しばしば、墳丘が崩れたため、形が乱れた古墳も見られる。古墳が崩れる原因は、人為的なものや自然条件によるものなど、様々である。しかし、調査が進むにつれて、地震を誘因として、大規模な地すべりが起きたケースがあることがわかってきた。古墳は当時の技術を駆使して築造された人工の盛土である。したがって、こうした古墳の地すべりを詳しく調べることによって、地震による盛土の変形や破壊のプロセスといった、現代の防災にも生かせる、重要な知見が得られると期待される。

現在、わが国で発生が懸念されている地震は、活断層による巨大内陸地震と、引きずり込まれた陸側プレートの反発に起因するプレート地震（プレート境界の地震）である。ここでは、前者に関連して大阪府高槻市の今城塚古墳と神戸市の西求女塚（にしもとめづか）古墳を紹介する。この二つの古墳は、一〇〇キロメートル以上も離れているが、調べてみると同じ巨大内陸地震で変形したことがわかってきた。また、後者のプレート地震（南海地震）による変形の例として、奈良県カヅマヤマ古墳と赤土山古墳を紹介する。これらは、いずれも、盛土の長期安定には基礎地盤が非常に重要であることを示唆した事例である。

巨大内陸地震の爪痕

大王の墳墓と地すべり――今城塚古墳

今城塚古墳は、墳丘の全長一九〇メートル、高さ一一メートル（後円部）～一二メートル（前方部）の六世紀後半としては最大の古墳である。平安時代中期頃までの天皇・皇族の古墳は、律令制の施行マニュアルである延喜諸陵式の中に記載されている。この中で、第二六代継体天皇（在位：五〇七年～五三一年）の陵は、摂津国嶋上郡にあると書かれている。今城塚古墳のある場所は、現代の行政区画では高槻市内に位置しているが、古代には摂津国嶋上郡に属していた。このことと遺物の年代から、今城塚古墳こそ継体天皇の三嶋藍野陵(みしまあいのりょう)であると考えられている。しかし、宮内庁は、既に近くの太田茶臼山古墳を継体天皇陵に指定しているので、[19]今城塚古墳は大王（後の天皇）の墳墓であるが、宮内庁による管理を免れた例として全国的にも貴重な古墳ということになる。したがって、これまで数次にわたる詳細な発掘が行われ、考古学的に貴重な成果が多く得られている。[20]

今城塚古墳の大きな地形的特徴は、墳丘のほぼ全域に地すべり地形が認められることである（図8c）。実際、古墳の考古学的調査のため、多くの試掘坑（トレンチ）が掘削されたが、その多くで正常な古墳構造が乱されている状況が確認できた。その後の検討により、これらの多くは、地すべりの痕跡であると考えられるようになった。[21]

●活断層の真上の古墳

盆地と聞くと、多くの人は「周りを山に囲まれた平坦な土地」というイメージを思い浮かべるに違

（19）外池昇（2005）：継体帝　三島藍野陵、文久山陵図、新人物往来社
（20）宮崎康雄（2004）：今城塚古墳の発掘成果、発掘された埴輪群と今城塚古墳、高槻市教育委員会
（21）寒川旭（2004）：今城塚古墳の地震痕跡、発掘された埴輪群と今城塚古墳、高槻市教育委員会

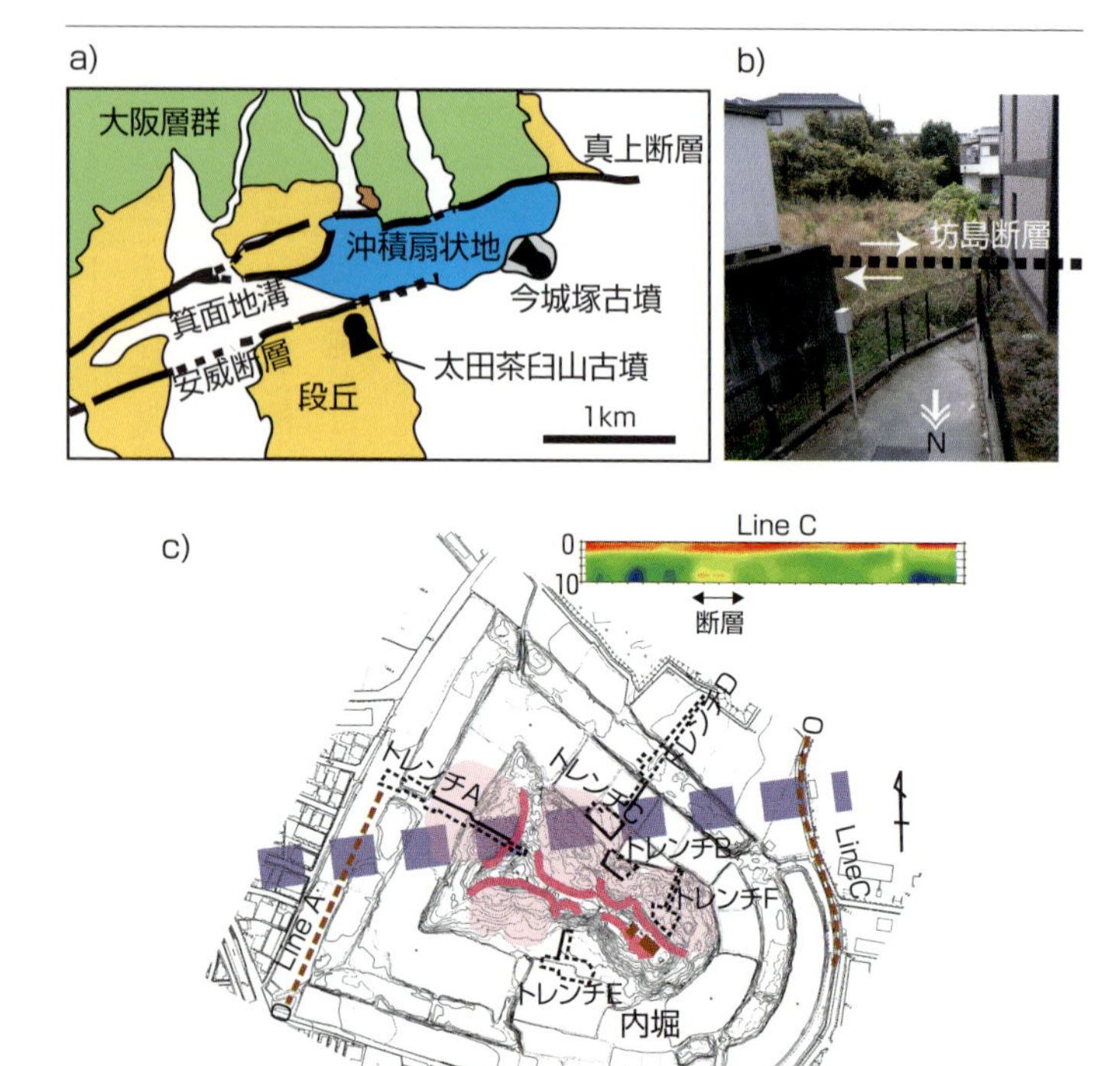

図 8 ●今城塚古墳周辺の地質と古墳平面図

a）高槻市北部の活断層系（破線は推定）と今城塚古墳

b）現在も土地境界のズレとして残る、1596 年慶長伏見地震の際の地表地震断層（坊島断層）の変位。大阪平野北部での地表地震断層は、箕面低地に沿って出現した。それぞれのセグメントは、坊島断層や安威断層などと呼ばれている。

c）表面波探査によって明らかにされた、今城塚古墳の下に伏在する安威断層（紫破線）。古墳は、全周に発生した地すべり（ピンク）で崩されている。LineA, C は S 波速度断面（暖色ほど軟弱）。（古墳実測図：「史跡今城塚古墳——平成 9 年度・規模確認調査」高槻市教育委員会 1998 ）

いない。しかし、地質学的には、「盆地」にはそれ以上の意味がある。日本列島は、太平洋プレートやフィリピン海プレートの沈み込みによって、常に東西方向の圧縮力を受けている。そのため、内陸部では上下方向の地殻変動が続いている。日本アルプスや四国、紀伊半島などの山地は、隆起の激しい場所が高地となった例である。盆地は、こうした周囲の隆起から取り残され、相対的な低まりになった場所である。これらを「内陸盆地」と言い、京都や奈良は内陸盆地の典型である。内陸盆地の出来方を考えれば当たり前であるが、盆地と周囲の山地との間は切れている。つまり、断層が存在し、その多くは活断層である。

さて、内陸盆地は陸地だけにあるとは限らない。現在は、たまたま海が侵入しているが、実は周りは活断層で囲まれているので内陸盆地と見なせるというパターンもある。大阪湾や伊勢湾はこの典型である。例えば、大阪湾を含む大阪平野は、東縁を生駒断層帯、西縁を六甲・淡路断層帯、北縁を有馬・高槻断層帯という活断層帯で囲まれた盆地である。[22] この大阪盆地の北を画する有馬・高槻断層帯は、地表部では複数の活断層が平行し、地溝帯を作っていることが多い。箕面以東では、それらを箕面地溝と呼ぶ（図8a）。今城塚古墳は、箕面地溝を埋める沖積扇状地の末端部に位置している。つ

（22） 宮地良典・田結庄良昭・寒川旭（2001）：大阪東北部地域の地質、地域地質研究報告（五万分の一地質図幅）、地質調査所

まりこの古墳は、地震活動の活発な地域に構築された非常に古い大規模盛土というユニークな立ち位置にある。

箕面地溝における最近の被害地震は、一九九五年兵庫県南部地震を除けば意外に古く、一五九六年の慶長伏見地震にまで遡る。この地震は、少なくとも二つの断層帯、すなわち淡路島から京都南部に至る六甲・淡路断層帯と有馬・高槻断層帯の連動によって発生した、最大級（マグニチュード八クラス）の内陸地震と考えられている。[23] つまり、一九九五年兵庫県南部地震より大規模だが、同じ断層系の活動による地震であった。この地震では、地表に地震断層が連続して出現したことが知られている（図8b）。しかし、今城塚古墳付近では地震断層の位置が判然としていなかった。表層堆積物が厚いため、地下のずれが地表の変位として表れなかったためと考えられる。そこで、われわれは、人工地震を使った物理探査法の一つである高精度表面波探査法により、伏在する活断層を調べた。その結果、古墳の東西で、やや堅い地盤（おそらく、砂礫）の割れ目に軟弱な地層（暖色で示した部分）が落ち込んでいる状況や上位に重なる軟弱な地盤がずれている状況が確認された（図8c）。これらは、断層運動による地盤のずれを示すと思われる。二本の測線（LineA,C）で認められたこれらのずれの位置を結ぶと、地表部で発見された安威断層（一五九六年の地震断層）のずれに連続する。したがって、墳丘のほぼ直下には、慶長伏見地震を引き起こした地震断層が、伏在すると思われる。すなわち、今城塚古墳は、過去の地震時地すべりとしての文化財的意義だけでなく、活断層直上に構築された大規模盛土の安定性について、自然が行ってくれた実験・演習の実例（ナチュラルアナログと言う）としても重要な古墳なのである。

●戦国時代の焼土が示す地すべりの年代

今城塚古墳で地すべりが発生した年代を示す資料も、トレンチから得られた。地すべりが動いて回転運動をすると、頭部には断面が三角形の凹地ができる。この凹地の内部の土層は回転運動によって斜面とは逆傾斜、つまり山側に傾いていることが多い。古墳のトレンチを詳細に観察した結果、こうした特徴を持つ傾斜した焼土が確認されたのである。地すべりによるずれを考えると、もともとこの焼土は、古墳頂部の地表面に水平に形成された土壌であったと推定される。この地層が原位置で焼けた後に地すべりが発生し、回転しながら落下したと思われる。この焼土の年代を放射性炭素年代測定法で測ってみると、慶長伏見地震直前の年代値（Cal AD 1510–1590）を示した。この年代以後に、この地域を強く揺らした地震は慶長伏見地震しかない。つまり、今城塚古墳の地すべりは、一五九六年慶長伏見地震によって引き起こされた現象であったことが、年代値の面からも証明されたことになる。

（23） 寒川旭・粟田泰夫・杉山雄一（1996）：慶長伏見地震を発生させた活断層系、地球惑星科学関連学会　一九九六年合同大会予稿集

当時は、三好長慶の死（一五六四年）や織田信長の摂津侵攻（一五六八年）によって、古墳周辺が混乱を極めていた時期であった。今城塚古墳近くにも、三好氏の重要軍事拠点であった芥川城が建設されていた。「今城塚」という名前から、これらの古墳が出城として使われた可能性も高いと思われる。この焼土層の年代値は、古墳がそうした戦乱の渦に巻き込まれたことを示しているのかも知れない。

●地すべりの構造

古墳の築造過程は、古墳の断面に明瞭に表れていることが多い。古墳の築造では、土を少量ずつ、幅約二〇センチメートル、厚さ約五〜一〇センチメートル程度の大きさに人力で突き固めたものが一回の築造単位（一サイクルの作業工程を示す構造）である。この工程を大勢の人間が数万回繰り返すことによって、土が積み上げられていった。したがって、断面では短辺が数センチ程度の小さな楕円形の土の塊が、ほぼ水平に無数に積み重なったようになっている（図9b）。実は、こうした断面の構造が、築造後の古墳の変形を追跡する上では非常に役立つのである。通常は土が変形したとしても、マーカーが無いためどのようにどれくらい変形したのかわからない。しかし、古墳ではたまたまこうした特殊な断面構造があるおかげで、変形を追跡できる。実際のところ、自然斜面では地すべりの断面を変位マーカー付で観察できる機会はほとんど無いのが実状である。したがって、古墳のトレンチ断面の観察は、地すべりメカニズムの研究にも重要な情報を提供している。

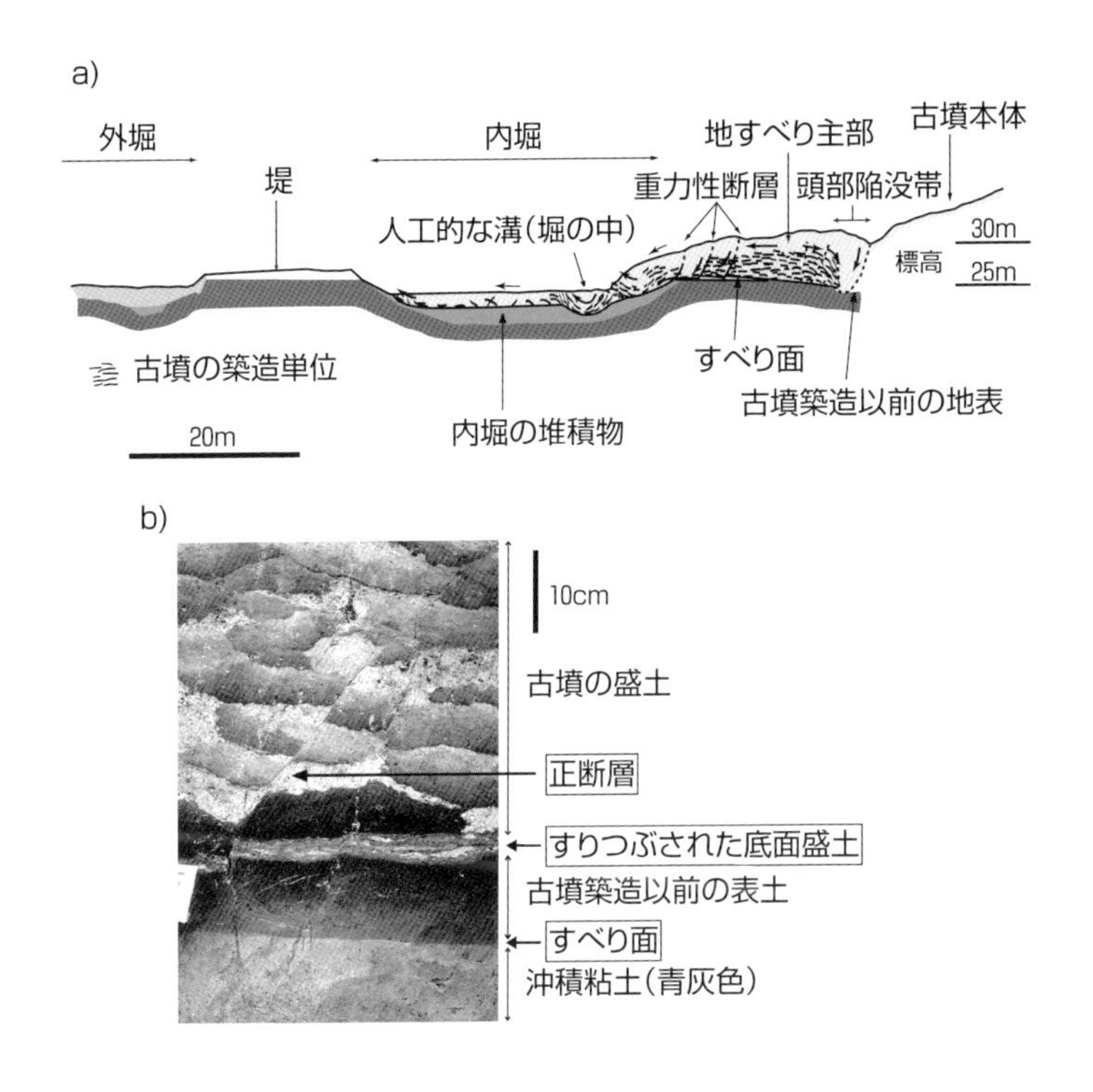

図 9 ●今城塚古墳を変形させた地すべりの内部構造

a）トレンチ A（図 8 参照）に沿った地すべりの断面。

b）古墳基底面付近のクローズアップ。古墳の構造単位（1 回の施工単位）をマーカーとして、地すべりによる変形を追跡できる。中央を右上から左下に横切る正断層はすべり面に収斂しているので、地すべりによる変形である。この正断層は底部のすりつぶしに伴う構造（basal shear）を切っているので、地すべり本体の移動は、地震の主要動よりも少し後だったと考えられる。

トレンチ断面の観察の結果、今城塚古墳の地すべりは、運動タイプの異なるいくつかの地すべり群で構成されることがわかった。このうち、特徴的なのは、ほぼ水平なすべり面を使って数十メートルもの長距離を移動した〝水平滑動型地すべり（Translational slide）〟である（図9a）。地すべりは重力による斜面変形であるから、地震力があっても水平なすべり面では長距離を移動することができない。したがって、水平な長距離滑動を可能にするには、すべり面のせん断抵抗がほぼゼロであることと一方向への滑動を継続させる仕組みの両方が必要である。これらは具体的にどのようなものであったのだろうか？

●地すべりのメカニズム

この疑問に対する答えもまた、トレンチの断面に記録されていた。すべり面に沿って、粘土が上方に吹き上がっているような珍しい構造が見られた（図10）。火炎状構造（flame structure）と呼ばれるこの構造は、すべり面付近の粘土において間隙水圧が著しく上昇した結果、流動化した粘土が上方の地すべり土塊（盛土底面）に貫入したことを示している。こうした状況下では、地すべり土塊は高圧の流動化した泥水で支えられていたと考えられる。泥水のせん断強度はほぼゼロなので、いわば、底面がツルツルの状態が出現していたわけである。したがって、わずかな推力があれば、水平なすべり面でも地すべり土塊の移動が可能であった。

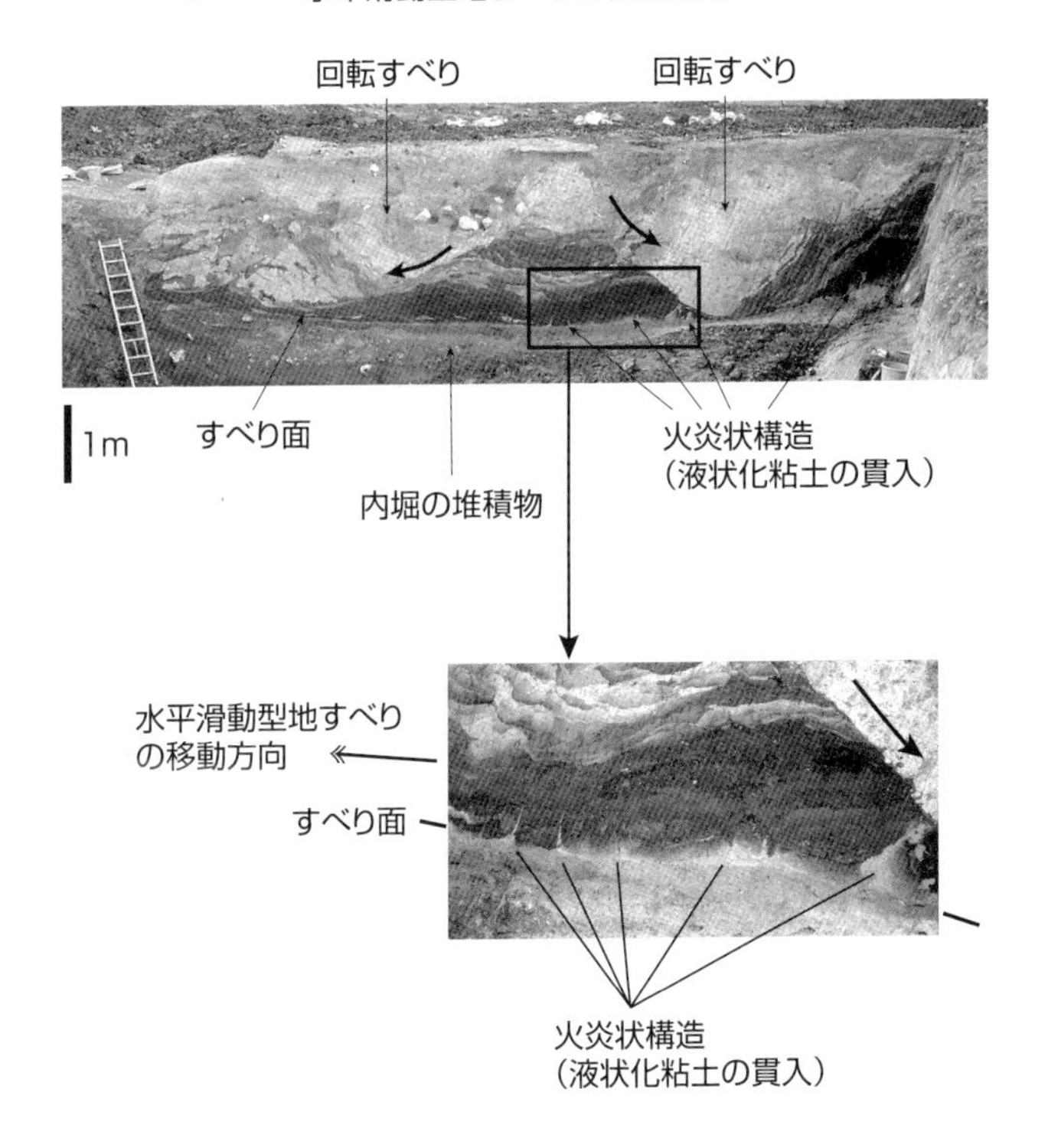

図 10●水平滑動型地すべりの内部構造。水平に滑動した土塊は小規模な回転すべりによって分解されながら前進した。すべり面に沿って発達する粘土の火炎状構造は、液状化し強度を失った粘土の上を、地すべり土塊が滑走したことを示唆する。

組み合わせ方や大小関係は、個々の地すべりで微妙に異なり、その違いは、すべり面の形や地すべりの活動形式を反映していると考えられる。したがって、こうした地すべり地形を手がかりに、逆に「地すべりがどのように動いたのか」を推定することが可能である。荒砥沢地すべりのケースでは、垂直移動量よりも水平移動量が大きく、「陥没帯」と「分離小丘」の発達が顕著であった。こうした地すべり地形から、この地すべりが緩傾斜の直線的なすべり面に沿って動いたこと、すべり面はおそらく層理面に沿っていることなどを推定することが可能である。

地すべり地形は過去の地すべり現象の記録であるが、それを探すことは同時に将来の地すべりのリスクを知ることにもつながる。なぜなら、地すべりの多くが、過去の地すべり地形の上で発生しているからである。こうしたケースを「**再活動型地すべり**」と呼んでいる。上記の荒砥沢ダム地すべりの場合もそうしたケースであった。これは、斜面にとって地すべりとは「治らない傷」のようなもので、いったん地すべりが発生すると、その場所で破壊現象が繰り返すようになるためと考えられている。

地すべり各部の名称。背景は、2008年岩手・宮城内陸地震で発生した荒砥沢地すべり。

基礎知識2◆地すべり地形

地すべり地形とは地すべりによって形成された地形のことである。しかし、地すべりとは何かという問いは、実は難問である。多くの人々が専門や経験の違いによって、微妙に異なる定義を述べているからである。しかし、少なくともわが国では、重力によって斜面が、塊となって滑る現象（マスムーブメント）であるというコンセンサスがあるので、ここではそうした現象を「地すべり」と呼ぶことにしたい。

地すべりは、本質的にその地域の地形・地質・地下水の影響を強く受けて成立している。特に、発生後に傷跡（地形）が、明瞭に残るのが、地すべりの特徴である。虎が死して皮を残すように、地すべりは動いて地形を残す。地すべりに特徴的な地形のことを「**地すべり地形**」というが、最もわかりやすい「地すべり地形」は、「**滑落崖**」である。「滑落崖」とは読んで字の如く、地すべりの本体が滑り落ちた結果、地山との境界に形成された「崖」のことである。多くは、上流端の「**頭部滑落崖**」が明瞭であるが、地すべりによる変位が大きい場合は、側部にも「滑落崖」が発達する。

図は、2008年6月の岩手・宮城内陸地震によって発生した荒砥沢地すべりの全景である。こうした大規模な地すべりでは、多くの場合「滑落崖」の直下に、移動方向に直交する地表面の凹み、すなわち「**陥没帯**」が発達する。また、「陥没帯」の下流側には、いくつもの小山が見られるが、これらは「**分離小丘**」と呼ばれ、移動してきた元の地山の断片である。この地すべりは、対岸の尾根に衝突して停止したが、末端部では圧縮変形によって、「**隆起**」や「**圧縮亀裂**（移動方向に平行な割れ目）」などの特徴的な地形が形成された。

こうした地すべり地形は、多くの地すべりで共通して見られる地形の単位、すなわちパーツである。しかし、そのパーツのしかし一方、底面がツルツルの状態において、斜面下方向の地震動は地すべり土塊を前進させるが、逆向きの揺れでは引き戻しもする。しかし、今城塚古墳の地すべりでは、土塊が引き戻されない仕組みがあった。すなわち、トレンチ断面をよく見ると、土塊が引き裂かれてできた凹地を小さな回転地すべり (slump) やトップリング (転倒土塊：toppling) が埋めているのである。これらは、凹地形成直後のタイミングで凹地の壁が崩壊したことを示しており、地すべり土塊の後戻りを遮った可能性がある。

さらに、水平に運動していた土塊に対して、地震力とは別の押す力が作用した可能性もある。すなわち、勢いよく凹地に滑り落ちた部分が停止させられる直前、凹地を押し広げるように運動し、本体に水平方向の力を伝えた可能性である。こうした、重力が水平力に転換されるメカニズムは、自然斜面の地すべりにおいて、いくつか観察された例がある。したがって、このようなメカニズムが地震時に発現したとしても不思議ではない。

残念ながら、現状では、トレンチでの詳細な観察がなされた水平滑動型地すべり (Translational slide) は、今城塚古墳以外ではほとんど知られていない。したがって、ここで考えられた〝水平すべりのメカニズム〟が、どの程度普遍性を持つのか、明らかではないことも事実である。しかし、今回の観察結果は、自然斜面にも多く存在する、極めて低角度のすべり面を持つ地すべりのメカニズムを考える上で、重要な示唆を与えるものである。

古代航路のランドマーク――西求女塚古墳

神戸市の海岸線に連なる三つの古墳（処女塚古墳、東求女塚古墳、西求女塚古墳）は、万葉集にも詠まれた菟原処女（うないおとめ）の伝説(24)の故地として有名である。埋め立てによって海岸線が後退したため、現在これらの古墳は数百メートルほど内陸にあるが、古代には海岸線から一〇〇メートル以内の場所に位置していた。これらの古墳がセットとして成立した古代（三世紀後半～四世紀後半）においては、瀬戸内を航行する船舶にとっても重要なランドマークであったに違いない（図11a）。

これらのうち、西求女塚古墳は最も古く、三世紀後半に築造された古墳と考えられる。魏志倭人伝に登場する卑弥呼の時代である。同書では魏側は彼女に一〇〇枚の鏡（多くが三角縁神獣鏡）をプレゼントしたと記されている。平成五年度の発掘調査の際、この古墳から実際に七枚の三角縁神獣鏡を含む一二枚もの鏡が出土したため、この古墳と卑弥呼との関連が話題となった。西求女塚古墳は、都賀川扇状地の扇端部から海岸の低地に移り変わる部分に立地している。その結果、古墳の北半は扇状

（24）二人の男から求婚された娘が自死し、男達も後を追って死んだという伝説。三基の古墳が娘と男達の墓とされている。

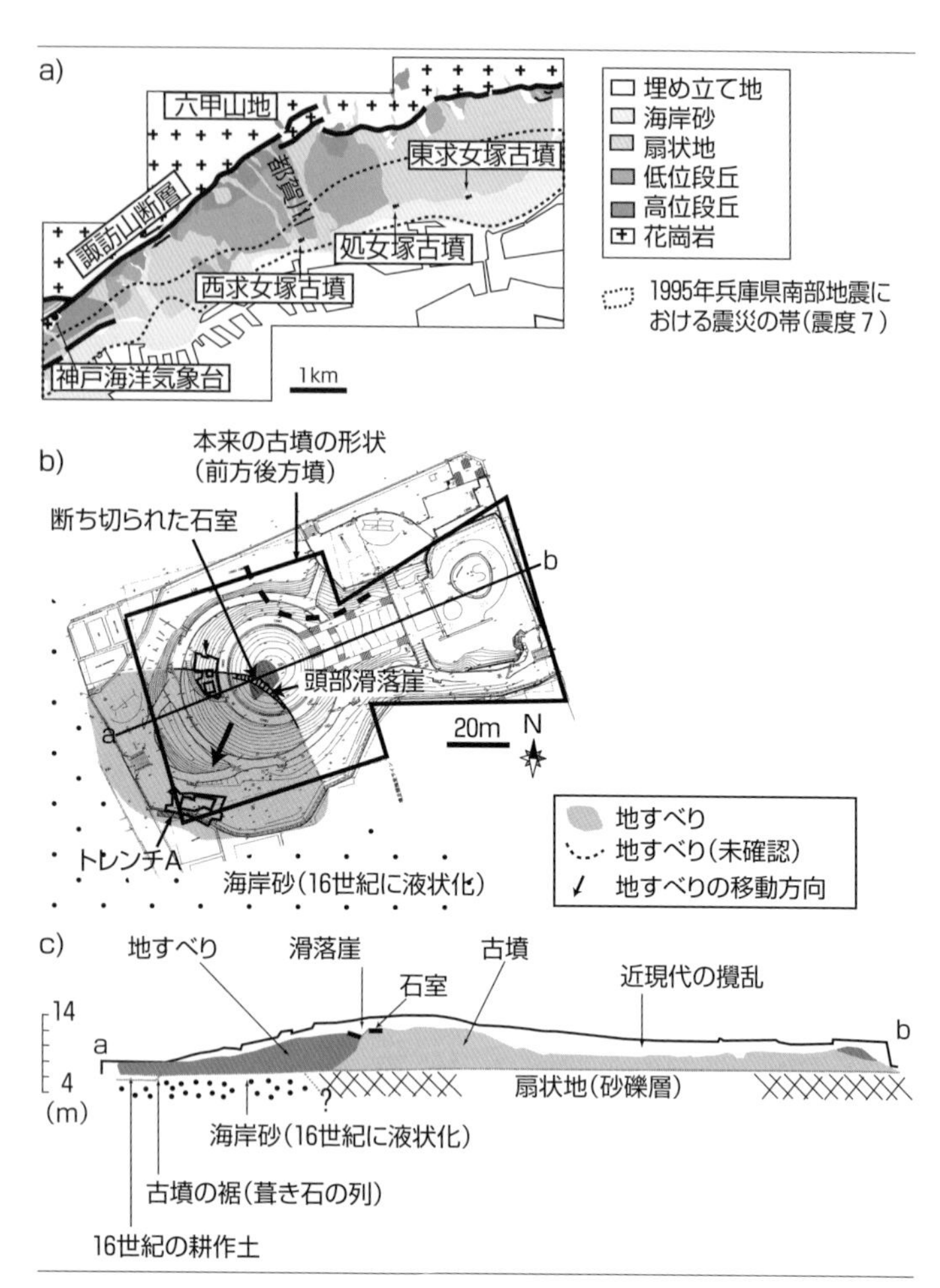

図 11●西求女塚古墳周辺の地形地質と内部構造

a）西求女塚古墳の位置

b）古墳の平面図と地すべりの場所

c）古墳の断面。液状化した海岸砂の上に載っていた部分が、地すべりで滑った。地すべりは、16 世紀の耕作土を覆っていることから、1596 年慶長伏見地震によって発生したと考えられる。

地礫層上に構築されているが、南半部は海浜砂の分布域に位置している。このことが、後で述べる地すべりの発生に大きな影響を及ぼした。

●断ち切られた石室

この古墳の発掘調査は、神戸市の手によって行われた。[25] 阪神・淡路大震災による六年の中断を挟み、平成一四年まで一三次にわたって続いた。その結果、この古墳は前方後方墳であるが、近代の修復によって前方後円墳にされていたことが判明した。誤った古墳時代観の犠牲である。また、この古墳における最も顕著な変形は、海岸側（後方部）で発生した地すべりであることがわかった。さらに、この地すべりの頭部滑落崖によって石室が断ち切られ、二メートル弱の高低差が生じていることも判明した（**図11b**）。[26] それでは、水平方向の変形を示す証拠はあるだろうか？ 古墳の本来の裾は、完成当時古墳の表面を覆っていた葺き石の位置で判断できる。この位置と現在の墳丘のずれが、地すべり末端部における水平移動量である。それは場所によって異なるが、地すべりの中央部では五メートル

（25） 神戸市教育委員会文化財課（2004）：西求女塚古墳　発掘調査報告書

（26） 寒川旭（2004）：西求女塚古墳において検出された地滑りの痕跡、西求女塚古墳　発掘調査報告書、神戸市教育委員会

かった。

以下と推定される。これらのことから、水平変位の割に垂直変位が大きい地すべりであったことがわかった。

●海浜砂の液状化と地すべり

西求女塚古墳の大部分は扇状地の礫層上に構築されているが、扇端部であることから墳丘の南半部は海浜砂の分布域である（図11c）。海浜砂は、液状化しやすい。地下で起きている砂の液状化を地表で確認できる最も良い指標は、噴砂現象である。兵庫県南部地震の際にも多数の噴砂現象が確認されており、より大規模であったとされる慶長伏見地震の際には、より広い範囲で液状化が発生したと推定される。この古墳でも、噴砂跡が後方部の南西角付近、つまり地すべりの真下で見つかっている。

基礎地盤が液状化すると、上に載っている盛土や構造物は下に引きずり込まれるように変形する。この古墳でも過去の地震の際、そうしたことが起きた可能性が高い。その結果、墳頂部には約二メートルの大きな垂直変位が発生し石室が破壊されたと考えると、各断面での観察結果を統一的に説明できそうである。つまり、西求女塚古墳に見られた地すべりのメカニズムは、基礎地盤の液状化によって墳丘の支持力が失われた結果であると思われる。水平変位に対する垂直変位の割合が大きい特異な地すべりの形態もそうした推定を裏付けている。

それでは、西求女塚古墳を崩した地震はいつ起きたのであろうか？　その答えは、地すべり土塊に覆われた古墳外側の土の中から見つかった。一六世紀後半に焼かれた備前焼のすり鉢が見つかったのである。したがって、地すべりを発生させた地震は、一六世紀後半以降でなければならないが、近畿地方にそれだけの強い揺れをもたらした地震で、しかもその年代以降の地震は、一五九六年の慶長伏見地震しかない。すなわち、今城塚古墳と西求女塚古墳は、同じ地震で崩されたと推定されるのである。

一九九五年の兵庫県南部地震においても、同様の変動メカニズムを持つ地すべりが発生した。例えば、西宮市木津山町では強震動によって広い範囲で沖積層が液状化した。そのため段丘面から沖積面にかけて構築された人工の谷埋め盛土の支持力が失われ、盛土全体が下方に引きずり込まれるように変動した。このタイプの地すべりにより、この地域では約七〇戸の家屋が被害を受けた。「自然は過去の習慣に忠実である」ことを示した典型的な事例であると思う。

プレート地震の感震器

王家の谷の古墳——カヅマヤマ古墳

飛鳥地方を流れる高取川の上流部には、天皇家にゆかりのある被葬者を埋葬したと思われる多くの古墳が分布しており、この流域は日本版〝王家の谷〟といった趣がある。カヅマヤマ古墳は、その高取川支流の最上流部に位置している。

●古代の土地造成と古墳

カヅマヤマ古墳は、標高一三〇～一三八メートルの丘陵の斜面に引っかかったように作られている終末期（七世紀末）の古墳である（図12）[27]。山側の半分が尾根を切土して造成した平坦部に、もう半分が下側斜面に載っている特異な構造をしている。土地造成への執念を感じさせる古墳であるが、斜面に引っかけることで、実際より高さを強調する効果を狙ったのかも知れない。基盤岩は花崗岩であるが、地表付近は強く風化していてさらさらの砂のようになっている。この状態を真砂（マサ）と呼ぶ。

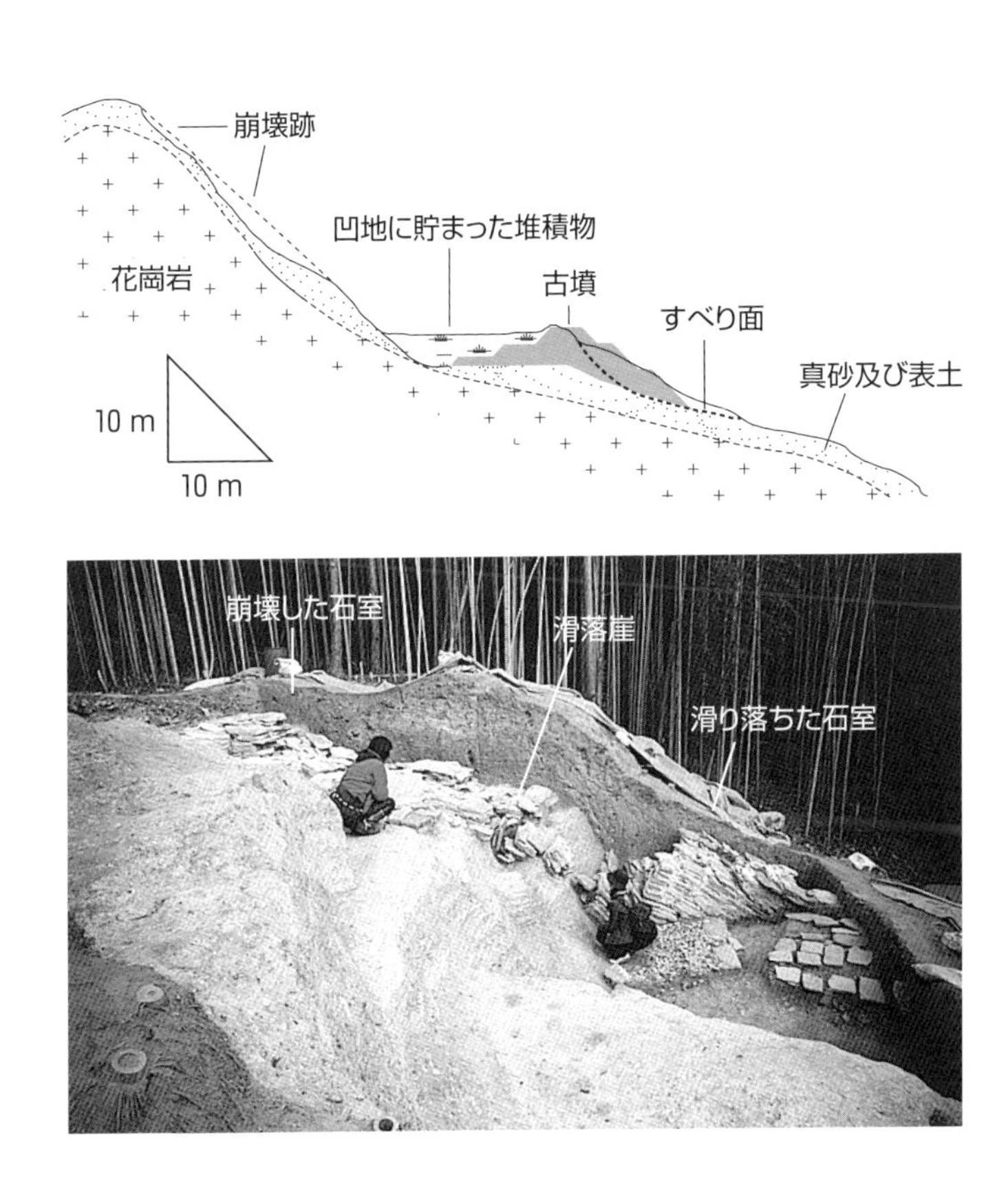

図 12●カヅマヤマ古墳周辺の地形地質（上）と地すべりによって断ち切られた石室（下）

真砂は当時の道具でも容易に削れるので、ここまで大胆な土地造成が可能になったのかも知れない。

発掘の結果、斜面に載っていた下側半分が、基礎地盤とともに滑り落ちている状況が確認された。すなわち、地すべりである。石室は、約二〇〇〇枚の平板状の石（緑色片岩）を漆喰で固めて作られていた（せん積み石室という変わった構造）が、この地すべりの頭部滑落崖によって断ち切られ、落差約二メートルの段差ができていた。[28] 古墳は二回盗掘されていたが、最初の盗掘孔には一三世紀後半から一四世紀初頭までの遺物が含まれていた。盗掘の際、灯りとりに使ったと思われる土器片などである。これらは、石室と一緒に滑っていたので、地すべりはそれ以後に起きたはずである。一方、もう一つの盗掘孔には一五世紀の遺物が含まれており、こちらは滑っていなかった。つまり、盗掘されていたおかげで、石室を破壊した地すべりが、一四世紀初頭以降一五世紀までの間に起こった出来事であることがわかったわけである。

地すべりの誘因には様々あるが、大きくは豪雨と地震に分けられる。しかし、カヅマヤマ古墳の場合は、地震による地すべりである可能性が高い。それは、この古墳が斜面の肩に引っかかった古墳だという特殊な事情による。斜面の肩は、豪雨よりも地震の影響を強く受ける場所だからである。しかしそれでも、どの地震が直接の引き金か、その地震によって本当に地すべりが発生したか、という疑問が残る。この疑問に答えるために、古墳を含む斜面上の地震動を解析によって推定した。

●斜面での揺れを再現する

推定された発生時期に飛鳥地方に震度五相当以上の揺れをもたらした地震ということで絞り込むと、地すべりを引き起こした地震としては、一三六一年の正平南海地震が有力である。しかし、古文書をもとに推定されている、この地震による飛鳥地方の揺れは震度五強程度であり、地すべりが多発するレベルではない。本当にこの程度の地震で古墳が壊れたのであろうか？　その疑問に答えるためにシミュレーションによる再現を試みた。まず、古墳を含む斜面全体をモデル化する必要がある。実物は複雑すぎて計算できないので、本質だけを抜き出した模型をコンピューターの中に作るのである。モデルはできるだけ実物に近いことが望ましいが、あまり複雑なモデルはかえって本質を見失う。この塩梅が難しい。だから、シミュレーションの成功・不成功は、実はモデル化の段階でほぼ決まってしまう。モデル化では、形だけでなく、地層の重なり方もできるだけリアルにする必要がある。今回は、基盤は花崗岩、その上に風化層（真砂）、その上に古墳が載るという単純な三層構造を考えた。これ

（27）明日香村教育委員会（2007）：カヅマヤマ古墳発掘調査報告書

（28）釜井俊孝・寒川旭（2007）：奈良県カヅマヤマ古墳の地すべり、二〇〇六年度　京都大学防災研究所年次研究発表会予稿集

を数百の小さい要素に分割し、仮定した地震に対するそれぞれの要素の反応を足し合わせて全体を見るという作業を、入力した地震記録の分だけ数千回も繰り返すのである。

計算の結果はモデルに与える地震動によって異なるので、どのような波形を入力とするかによっても異なる。当時の波形記録は無いので、二〇〇四年に紀伊半島沖のプレート境界で発生した地震（正平南海地震と同様のメカニズムの地震）の奈良盆地の岩盤内で観測された地震波形を使った。何回かの試行錯誤の末、斜面下の平坦地で震度五強に相当する加速度（二三〇センチメートル／秒／秒）と速度（二五センチメートル／秒）を再現することができた。この時、古墳の載っている斜面の肩の部分では、一二〇〇センチメートル／秒／秒に達する強烈な加速度が発生していた。斜面下の平坦地に比べて、実に、加速度で五倍、速度で二・五倍の強い揺れである。斜面の肩の部分は、もともと地震のエネルギーが集中しやすい場所である。カヅマヤマ古墳の土地造成は、わざわざ人工的に斜面の肩を作り出し、そうした場所に古墳を置くことによって、地すべり災害を自ら作り出したのである。

一方、中世になると古墳に対する畏れが薄まり、単なる土や石を取り出す資源として見るようになった。こうした行為は、古墳の強度を著しく減少させる。カヅマヤマ古墳においても、古墳からの石取りによって墳丘の強度の低下を招いていた。正平南海地震が、そうした社会状況下で発生したことも、地すべりの素因として考慮に入れる必要がある。

現代においても、こうした斜面の肩付近（崖っぷち）における開発が進行している。しかも、斜面に作られた盛土のメンテナンスに問題のあるケースも多い。すなわち、カヅマヤマ古墳の地すべりは、考古学上の意義のみならず、現代の都市防災上も重要な情報を提供していると言える。

宅地開発に揺れる古墳——赤土山古墳

赤土山古墳（四世紀後半）は、天理市櫟本町の標高一〇〇メートル程度の丘陵地上に位置する。この付近は中世には東大寺領であったので、東大寺山と呼ばれている。この古墳の議論を始める前に、「東大寺山」のように都市を取り巻く丘陵の話をしたい。わが国の大都市のほとんどは、平野や盆地と呼ばれる平地に展開している。平地は一般に若い水平な地層が堆積する場であり、周辺の丘陵はそれよりもやや古い時代の地層からなっている。わが国の場合、丘陵を作る地層は新第三紀鮮新世後期（約四〇〇万年前）から第四紀更新世中期（約五〇万年前）に堆積した、泥岩、砂岩、礫層、火山灰層からなることが多い。固結度が低く、平野（堆積盆地）中心部に向かって緩く傾いていることが特徴である。これら、丘陵を作る鮮新世〜更新世の地層は、東京圏では、上総層群、名古屋圏では東海層群、近畿圏では古琵琶湖層群、大阪層群など、地域によって様々な名前で呼ばれている。

これらの地層は、大都市が郊外に膨張する過程で様々な問題を引き起こしてきた。大阪層群や古琵琶湖層群では、軟らかい粘土層や火山灰層を破壊面（すべり面）とする自然の地すべりが多く発達している。大阪平野、京都盆地、滋賀盆地では、開発によってこれら自然の地すべりが再活動し、災害が発生している。赤土山古墳が位置する東大寺山でも谷沿いに古くからの地すべりが存在し、一部は現在も活動中である。そうした地すべりによる浸食の結果、この古墳では大型の前方後円墳としての本来の形が相当損なわれている[29]。まさに、地すべりに取り囲まれ、解体されつつある古墳と言える。

二〇〇二年、発掘調査中に墳丘で浅い地すべりが発生した痕跡が発見され、新聞、テレビニュースなどで報道された。発掘の結果、古墳時代の地表が崩れ落ちた土砂（地すべり）で覆われており、そうした事件が四世紀と九世紀に一回ずつ二回起きたことがわかったのである。古墳近くの奈良盆地東縁活断層系では、歴史時代の活動は知られていない。したがって、これらの地すべりが豪雨によってではなく、地震が誘因であったと仮定すると、その地震はプレート境界型地震である可能性が高い。特に九世紀の地すべりの誘因は、歴史記録によると、八八七年の仁和南海地震が有力である[30]。

赤土山古墳周辺では近年の人工地形改変が著しい。古墳のすぐ近くまで新興住宅地が迫っている状況である。しかし、これらの住宅地はかつて古墳を蚕食した地すべりの上に造成されているので、一部の住宅では既に地すべりによると思われる変形が進行しつつある。古墳から住宅に被害が拡大している状況である。日本人の建設にかけるエネルギーが、現代では宅地造成に向かっていることを考えると、これは当然のことなのかも知れない。

Column 3

近畿トライアングル

近畿地方は、日本列島の中でも中部地方とともに活断層の分布密度が特に高い地域として知られ、世界的にも特異な活断層密集地帯である。これほど近畿地方に活断層が多い理由として、藤田和夫は、「近畿トライアングル（近畿三角帯）」と呼ぶテクトニックブロック（地質構造体）があるためと説明した。[31] 近畿トライアングルは、中央構造線を底辺とし、琵琶湖を囲むように淡路—六甲—比良—敦賀の左辺と養老山地—伊勢湾—敦賀の右辺により三角形を形作る地帯である（図）。プレート運動によって日本列島の中央部は、常に東西方向に水平な圧縮力を受けている。この結

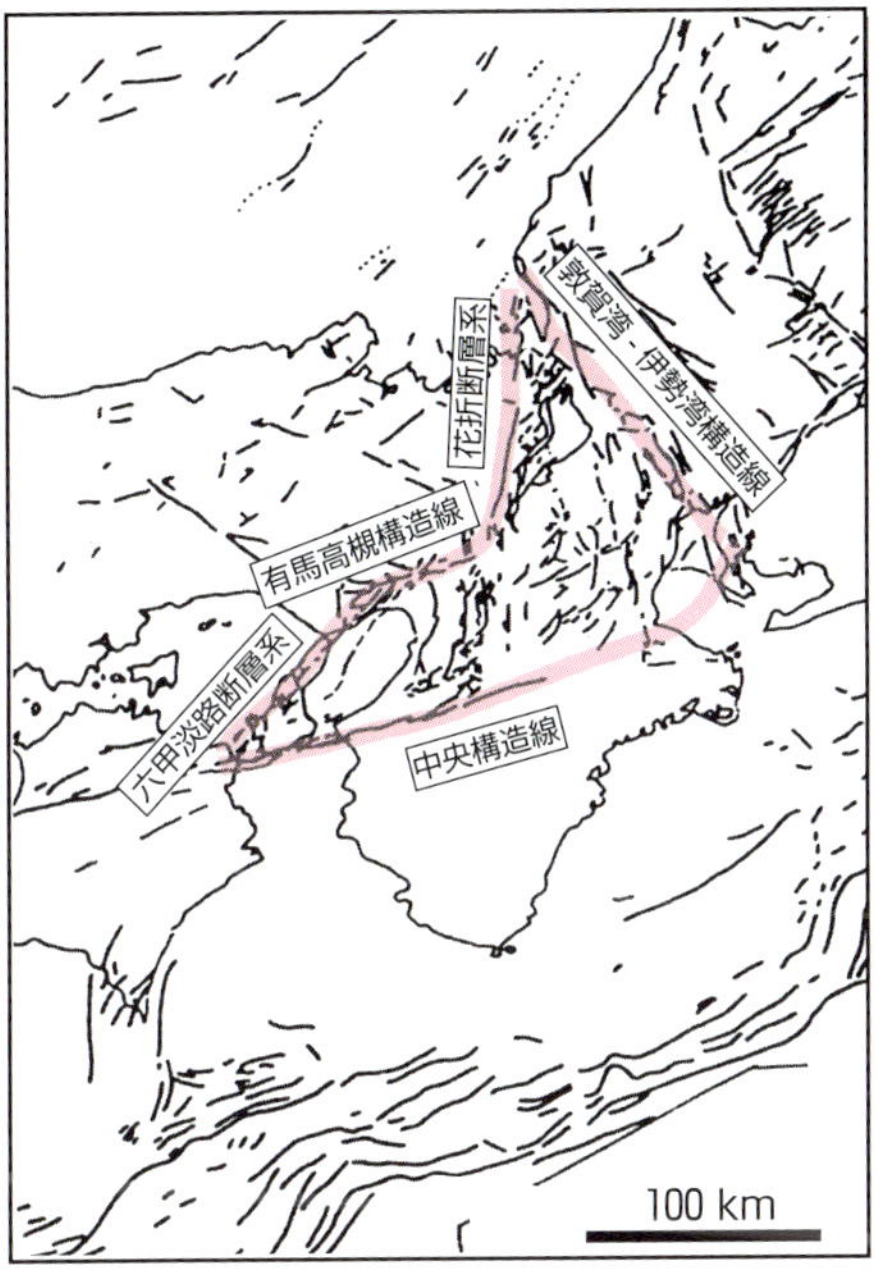

近畿地方における活断層の分布（活断層研究会 1991 年）と近畿トライアングル（ピンクの線で囲まれた領域）

果、力の方向に対して×印のように斜交する二方向の破断面が、地殻上層に形成された。これらが、活断層である。活断層に囲まれた部分はブロック化し、それぞれが水平方向に相対運動しながら、上下にも運動（隆起と沈降）する。近畿トライアングルは、こうした巨大なブロック運動の結果、形成された場所であると考えられる。

近畿トライアングルの内部には、琵琶湖と近江盆地、京都・奈良盆地、大阪平野、濃尾平野等の盆地と平野が交互に発達し、これらの外縁部に沿って活断層が発達する。農耕や居住に適した平地がこれほど集中している地域は、わが国では他にない。しかも、山地の高度は日本アルプスや奥羽山脈ほど高くないので、平地間の交通は容易である。この地域に古代王朝が成立した背景には、こうした地形の影響があったのかも知れない。事実、大和朝廷の成立以降江戸時代まで、わが国の政治の中心は、常に近畿トライアングルの中に位置していた。さらに、都は街道によって地方と結ばれる。近畿トライアングル内部では、街道が通る谷筋や山際には、活断層が走っていることが多い。京都と福井県小浜を結ぶ若狭街道（鯖街道）は、花折断層沿い、西国街道は有馬高槻構造線沿いの道である。これらの街道を通って、諸国の物産が都に運ばれ、都の文化が諸国に伝わった。近畿トライアングルという用語に込められた近畿地方の地質条件は、わが国の歴史と文化に大きな影響を及ぼしている。

(29) 天理市教育委員会（2003）：史跡赤土山古墳——第四次～第八次発掘調査報告書
(30) 宇佐見龍夫（1997）：新編日本被害地震総覧、東京大学出版会
(31) 藤田和夫・岸本兆方（1972）：近畿のネオテクトニクスと地震活動、科学

第3章 水底の証言者

ここでは、湖底遺跡を扱う。湖底遺跡とは、湖の底にある遺跡のことであるが、琵琶湖の周辺では、琵琶湖本体の湖底、内湖の湖底（干拓された部分を含む）、および琵琶湖から流出する唯一の河川である瀬田川の川底で遺跡が発見されている。内湖とは、琵琶湖周辺の低地に広く見られた小さな湖のことである。現在では多くが干拓されて姿を消した。内湖は、もともと琵琶湖の一部であった水域が、沿岸砂州の発達によって仕切られたか、低地側が地盤沈下したことによってできたと考えられる。波も静かで栄養豊富であることから、古くから重要な漁場であり、周囲には多くの遺跡が点在している。これらのうち、湖底遺跡の総数は概略で八〇〜一〇〇ヶ所、年代は縄文時代〜近世までと幅広い。国内では網走湖や諏訪湖でも湖底遺跡の存在が知られているが、琵琶湖周辺ではその分布密度が際だって大きい点が特徴的であり、同一地域にこれだけ多くの湖底（水底）遺跡が集積している場所は、世界でもまれである。また、他地域の水底遺跡は、多くが沈没船や港湾施設が水没したものであるが、琵琶湖の湖底遺跡はそれらとは異なり、人間の生活面が湖底で発見されたものである。したがって、その成因には、水際の都市災害を考える上で貴重な情報が含まれている。

千軒遺跡

遺跡の中には、「かつて、ここに町があったが現在は埋もれている」といったような伝承を持つ「千軒遺跡」と呼ばれるものがある。琵琶湖湖底遺跡の中にもそうした水没村伝承を持つ遺跡があり、琵琶湖全体で湖北を中心に一二ヶ所知られている。伝承の多くは小さな集落が水没した事件を描写したもので、必ずしも地元で「＊＊千軒」と言われているわけではない[32]。

滋賀県立大学の林博通を中心とした研究グループは、早くから千軒遺跡の調査を開始し、主に潜水調査によって具体的な遺跡の証拠を集めている。彼らによると、千軒遺跡は、主に水深〇〜四メートルの比較的浅い湖底に散らばって分布する。村が湖底に沈んだのであるから、千軒遺跡の成因としては、琵琶湖の水位変動や湖岸の地盤変動を考える必要がある。しかし、林らによると湖岸に点在する陸上遺跡の排水路の標高や膳所藩による観測記録などから見て、一五世紀以降から天保の瀬田川大浚渫（一八三一年）以前の水位は、おおむね八四～八五メートルであり、現在の琵琶湖基準水位[33]に比べて大きな違いは無い。また、それ以前については資料が無く、よくわかっていない。したがって、単純な水位上昇のみでは千軒遺跡の成因を説明することは難しいのが現状である。そこでこれまでも、地盤沈下、地殻変動、地すべりなどによる様々な成因が論じられているが定説は無い。おそらく、全ての遺跡が同一の原因によって成立したものではないのだろう。しかしいずれにしても、これらの千軒遺跡（沈水集落）は、古代以降の湖岸集落の形成・発展・消滅と沿岸域の地盤、および周辺の地殻変動（内陸地震）との関係の記録であり、現代でも琵琶湖に依存して生きる地域の人々に様々な示唆を与える事例と言える。

（32）安土城考古博物館（2009）：水中考古学の世界——びわこ湖底の遺跡を掘る

（33）標高八四・三七一メートル（東京湾の平均海水面高さを基準）や八五・六一四メートル（大阪湾の平均海水面高さを基準）

御厨の地すべり

琵琶湖東岸の米原市筑摩地区には、主として漁労に従事し宮中に贄（にえ）（鮒寿司等）を供する供御人の村があった。彼らは、平安時代の初期には筑摩御厨（ちくまみくりや）として組織化され、七八一年（天応元年）以降、宮中内膳司（八〇〇年以前は大膳職）の一部であった。御厨は、一〇七〇年（延久二年）に廃止されたが、この地はそれ以後も琵琶湖の湖上交通の拠点として繁栄した。[34] その結果、中世には筑摩神社を中心に、ある種の都市的空間が成立していたと考えられる。

筑摩神社の沖合には、「尚江（なおえ）千軒遺跡」と呼ばれる湖底遺跡が知られており、湖岸の沈水があったと伝えられている。神社には、遺跡成立（水没）以前の状況を描いたとされる絵図が残されているが、これには、一二九一年（正応四年）に製作された絵図の写しであるとの詞書きがある。この絵図には、磯（いそ）、筑摩、朝妻（あさづま）、西邑（にしむら）、神立（かんだち）の集落と筑摩神社が、琵琶湖と筑摩江（入江内湖）との間の沿岸州（浜堤）上に位置していたことが描かれている（図13上）。現存する集落と神社の相対的位置はほぼ正しいので、絵図に描かれた集落が全て存在したとすれば、筑摩地区の湖側にあったとされる西邑、神立の集落と神社の大鳥居は、現在では水中に没していることになる。すなわち、この絵図は、湖岸の沈水イベントを裏付ける貴重な物証と言える。ただし、この絵図は何回か書き直された疑いがある。いわば、コピーのコピーのようなもので、現存するものはおそらくは江戸時代に、この地区に伝わる水没村伝承を可視化するために描かれた可能性が高い。つまり、内容には一定の信憑性があるが、絵図そのものは偽物であると考えられる。しかし、絵図の説得力は圧倒的である。実際、林博通らによるこれまでの潜水調査によれば、筑摩神社沖水深〇メートル～四メートルの湖底から、石群、土坑跡、割竹杭、須恵器、縄文土器等が発見されている（図13下）[35]。したがって、遺跡（住居址）の存在はほぼ確実であるが、引き上げられた遺物から沈水の年代を特定する資料は得られていない。

湖底に向かう地すべり

遺跡の成立年代が中世以降であるとすれば、成因としては湖水位が上昇したというよりも地盤が沈下したと考える方が適している。その実態を探るため、大阪市大の原口強らは、遺跡の水中音波探査を行った。音波を水中に発射すると、音は湖底と堆積層中の境界面で反射する。反射して帰ってきた音と発信時の時間差を記録すれば、そうした音の反射面までの距離がわかる。この計算を連続的に行

---

(34) 米原市教育委員会（1986）：筑摩湖岸遺跡発掘調査報告書
(35) 林博通（2004）：尚江千軒遺跡――琵琶湖湖底遺跡の調査・研究、サンライズ出版

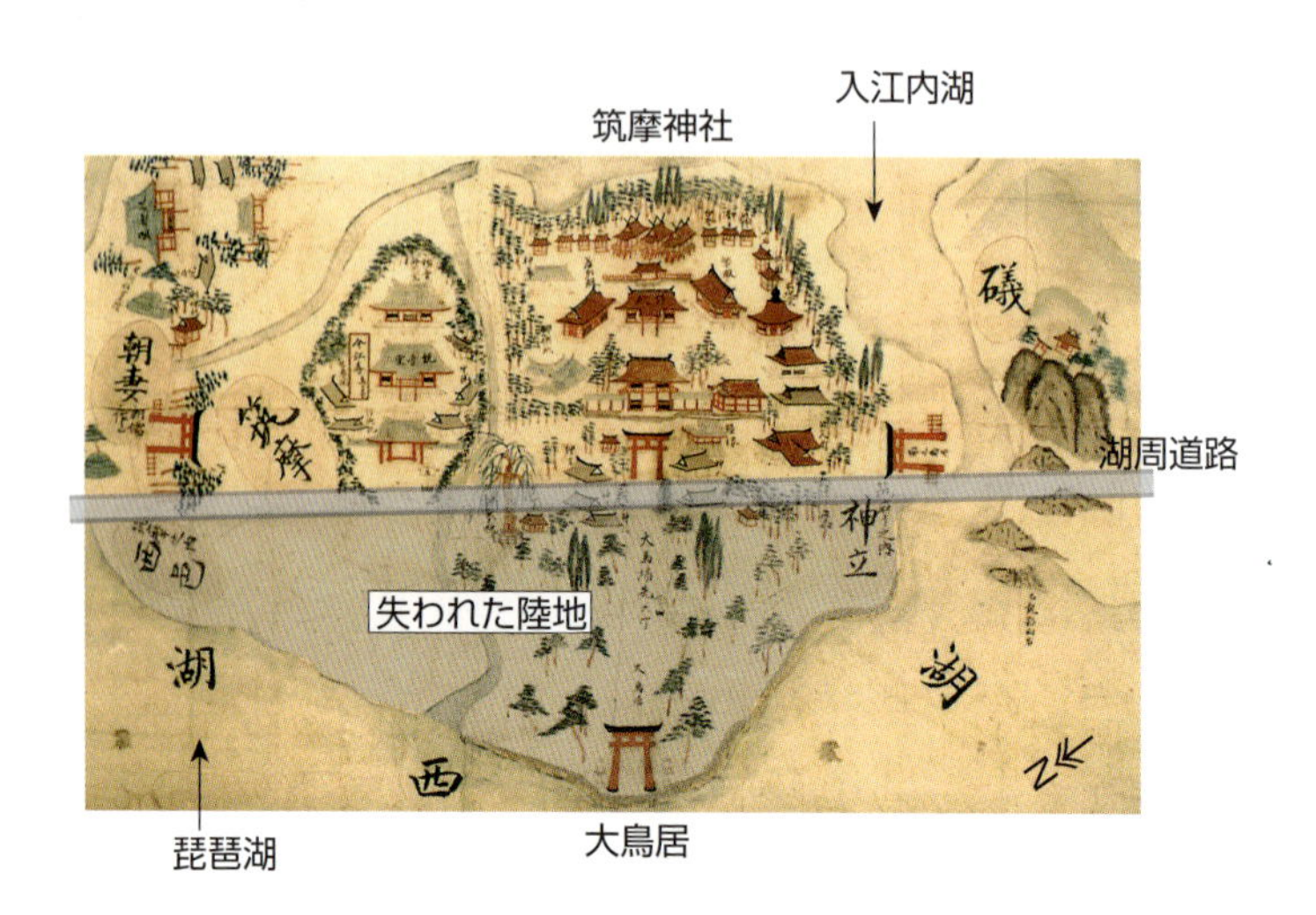

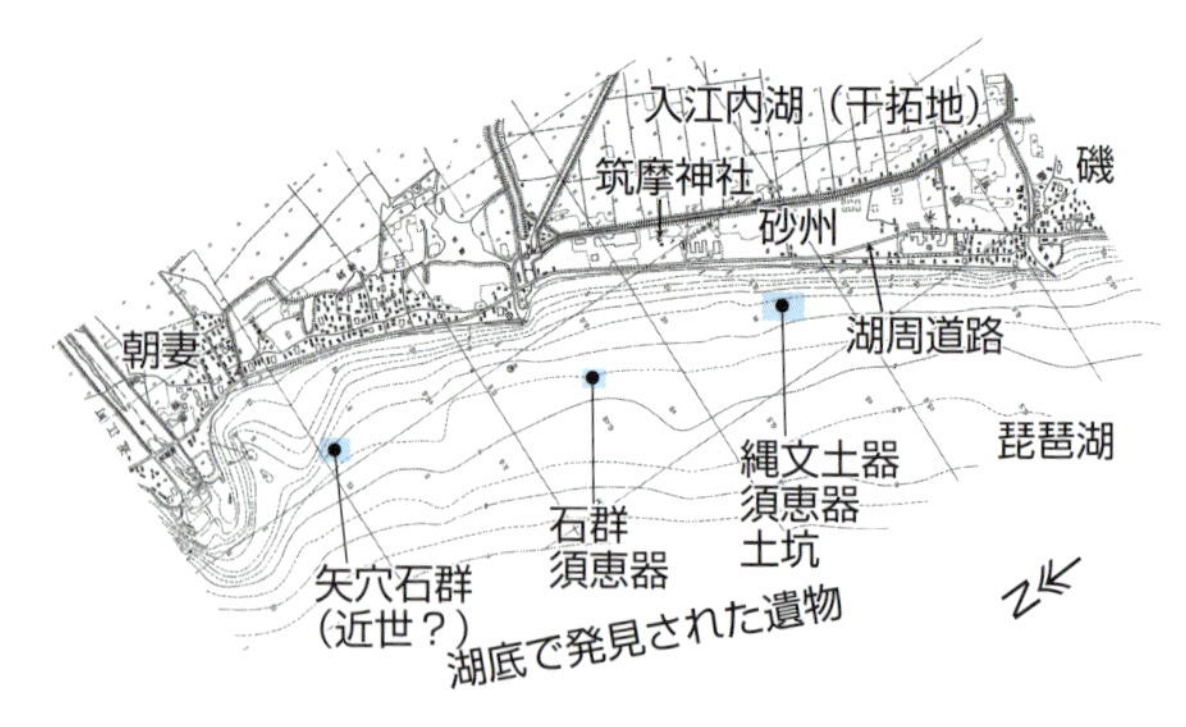

図13●筑摩神社に伝わる絵図（上）と現在の湖沼図（下）。伝承が正しいとすれば、尚江千軒遺跡は、西邑と神立、および大鳥居を結んだ陸地の部分が、湖中に没したために形成されたと考えられる。
絵図画像：「尚江千軒遺跡」（林博通研究室、2004年サンライズ出版）
1：10000湖沼図（基図）：琵琶湖11－2「彦根・多景島2」（国土地理院）

えば、堆積層の構造を知ることができる。

この探査の結果、現世の底質（緩い砂）の下に、明瞭な地すべり地形（滑落崖、分離小丘など）が隠れていることがわかった。[36] さらに、陸域（湖岸）での地質調査においても、地表から数メートル（三〜六メートル）の所に、湖側に緩く傾斜する軟弱な地層（泥混じり砂層）が存在することがわかった。地層の傾きと深度から考えて、この泥混じり砂層は、水中で発見された地すべり地形の下部につながり、すべり面（層）になっている可能性が高い。すなわち、湖底と湖岸の地質構造を調べた結果、尚江千軒遺跡の成因は、湖岸の軟弱層がある部分を境に琵琶湖に滑り落ちた地すべりである可能性が高くなった。それでは、その地すべりの原因は何であろうか？

『近江国坂田郡誌』（一九一三年）には、土地の伝承として、「筑摩神社の大鳥居が地震によって沈水したため、土地の漁師が網をかけて引き上げようとしたが不可能だった（要約）」という記述がある。一五六七年（永禄一〇年）に書かれた『筑摩大神之記』（近淡海坂田郡富永荘十六条筑摩大神之記）には、筑摩神社の範囲として、「西境は渚から沖合八町先の大鳥居であるが、現在は湖中となって鳥居は湖底に残っている（要約）」と記されている。これらの記述を信じれば、地すべりは一六世紀半ば以前に発生した中世の地震によって引き起こされたと思われる。日本地震史総覧によれば、一三二五年

（36） 林博道・釜井俊孝・原口強（2012）：地震で沈んだ湖底の村、サンライズ出版

（正中二年）の地震によって、近江北部が激しく揺れた。この地震では、竹生島の一部が崩落して、湖中に没している。[37] 尚江千軒遺跡を成立させた地震の候補である。

湖岸地すべりのメカニズム

過去の地震災害の事例から、筑摩神社周辺のような砂州で発生する地すべりには、地盤の液状化が強く関連すると考えられる。尚江千軒遺跡では本当に液状化が起きたのだろうか？ 液状化が起きるかどうかは、地震時に地盤に作用する地震力の大きさと地盤の液状化に対する抵抗力（液状化強度）によって決まる。注目するべきは、サンドイッチ状に挟まれている軟らかい泥混じり砂層である。まず、この地層の液状化抵抗を推定するため、サンプルを乱さないように慎重に採取し、実験室で液状化の再現実験を行った。この再現実験では、試料に加える地震力を変化させ、どれくらいの地震力を何回繰り返すと液状化するかを調べた。ここでの地震力とは、主に物体をゆがめるように働く水平力のことである。

つぎに必要なのが、液状化を起こそうとする力、水平地震力である。水平地震力の推定には、一三二五年（正中二年）の地震と同じ柳川断層系で発生し、同様の被害（湖岸の液状化と沈水）を出した一九〇九年姉川地震（M六・八）の被害記録が参考になる。この地震では、建物の倒壊率などから尚江千軒遺跡付近の水平震度は、〇・三程度と推定される。この値と再現実験で求めた液状化強度を比較し、地震力が抵抗力を上回れば液状化が発生すると指定される。この計算を深度四メートル付近の中部泥混じり砂層について行った結果、この軟弱層においては液状化の発生が説明可能であるのに対し、その下部の砂層では液状化は生じなかった。下部砂層の上面は、弥生時代以前の砂州の地表であり、琵琶湖側に緩く傾斜している。したがって、仮定したような震度が作用した場合、液状化した中部泥混じり砂層が上部砂層を乗せたまま、琵琶湖側に滑り落ちた可能性は十分に考えられる。

フロイスが報告した地すべり

一五八六年一月一八日（天正一三年一一月二九日）の地震は、近畿地方に大きな被害をもたらした[38]。当時日本滞在中であった宣教師フロイスが上司のヴァリニャーノ宛に送った書簡によると、「近江国の長浜には三千の戸数が有ったが、土地が陥没して人家の半分を飲み、他の半分は同時に発生した火

（37）前掲「新編日本被害地震総覧」
（38）前掲「新編日本被害地震総覧」

事により焼失してしまった。この長浜に隣接し、時々多数の商人たちが集まる湖岸のフカタにおいては数日間激烈な振動にみまわれ、土地はことごとく海水（著者注：本当は淡水）のために吸収されてしまった。また、ここを襲った水の隆起のさまは異常で、沿岸一帯に溢れ、付近の人家すべてを洗い去ってしまった[39]」という事件が長浜で発生した。「フカタ」は現在の長浜市下坂浜の北に隣接する「平方」であるとする説が有力であり、地元の様々な伝承からも、下坂浜の沖合に天正地震と関連する遺跡が存在する可能性が高い。下坂浜千軒遺跡と呼ばれている。実際、滋賀県立大の潜水調査によっても沖合で立木や杭が発見されている。それらの放射性炭素年代は西暦一四七〇年〜一六六〇年を示した。上記の資料と年代的に一致することから、天正地震によって水没した遺跡であることが裏付けられた。

湖底地形が語るもの

下坂浜千軒遺跡では尚江千軒遺跡に比べて現世の堆積物が薄いため、当時の湖底地形がよく残っている。国土地理院の湖沼図（湖底地形図）を見ても、湖底に明瞭な地すべり地形が認められる。これにより、地すべりの範囲はほぼ一キロメートル四方と推定される（図14）。現在、下坂浜には琵琶湖大仏を有する良疇寺が建っている。良疇寺の縁起によれば、本来の寺は現位置から沖合数百メートル

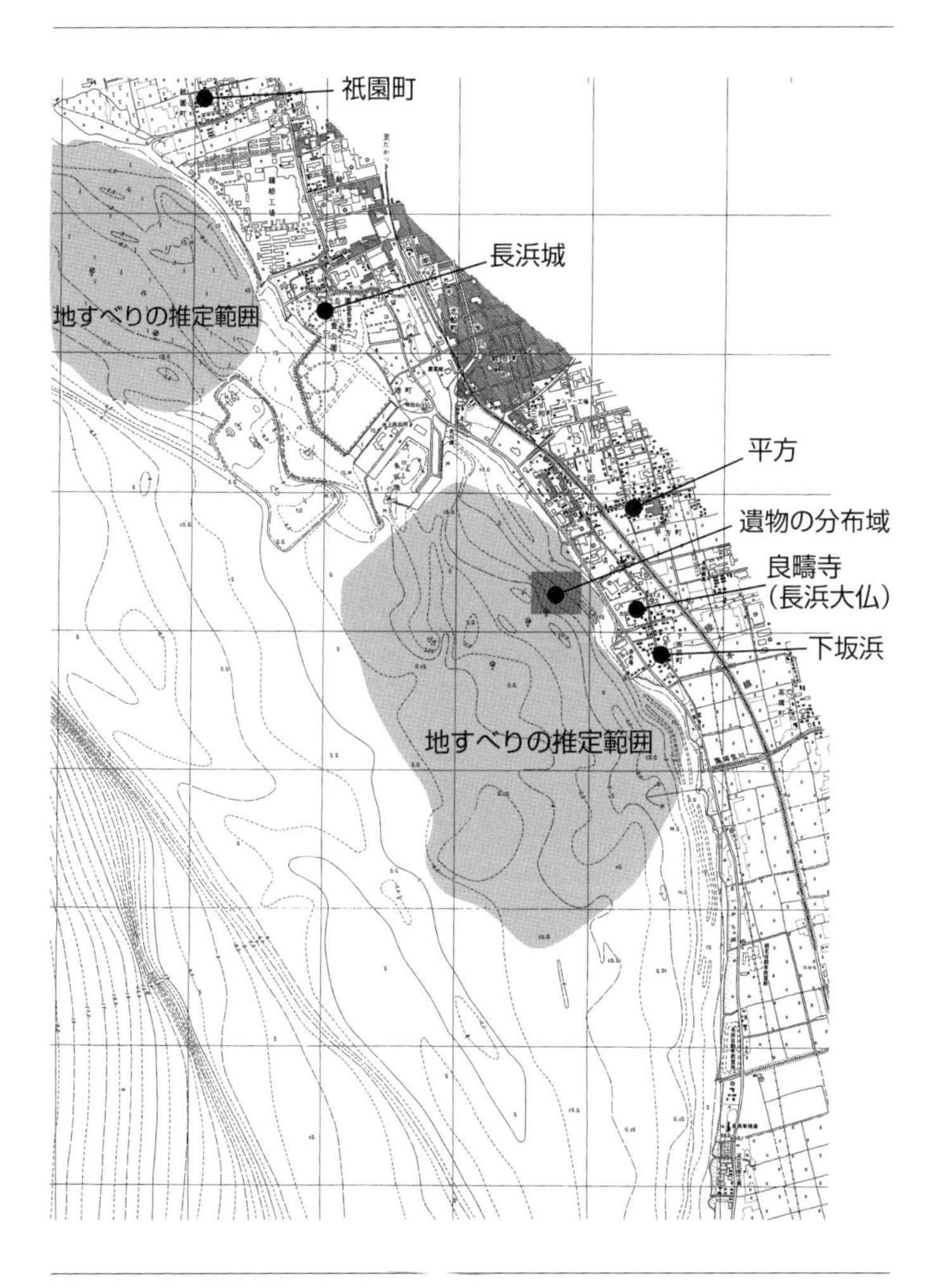

図 14● 1586 年天正地震により、長浜城近くの湖岸で発生したと考えられる地すべり。南側の地すべりは、下坂浜千軒遺跡を成立させた。北側の地すべりは、西浜村千軒遺跡の成立に関与したと考えられる。
1：10000 湖沼図（基図）：琵琶湖 8－2「長浜 2」（国土地理院）

の場所（水深約四メートル）にあったとされている。地質調査の結果によると、現在の湖岸から良疇寺に至る断面では、深度七メートル以浅の地盤は湖岸地域で普通に見られるやや締まった砂層と礫層である。しかし、中間の深度二〜三メートル付近に、同時代の自然の地層としては異常に固い礫層が挟まっていた。この礫層は、湖に近づくにつれて厚く、固くなるので、おそらく、以前の良疇寺の基礎地業であると考えられる。この礫層以外の地層はほぼ水平に堆積しているが、この礫層のみは湖岸付近で、急に落ち込む構造である。一方、湖底地形に残っている地すべりの滑落崖は少なくとも二段存在する。最上部の滑落崖は、良疇寺付近で最も陸に接近する。したがって、この落差（良疇寺基礎地業のずれ）は、地すべり背後に拡大した滑落崖の断片である可能性が高い。すなわち、下坂浜千軒は、一五八六年（天正一三年）の地震による湖岸地すべりによって失われた、集落の遺跡である。

複数の地すべり

二〇一一年、下坂浜千軒遺跡から二・五キロメートル北に位置する長浜市祇園町の沖合でも発見があった。琵琶湖水中考古学研究会（滋賀県立大学）によって、湖底から供養塔や仏塔、石仏の一部など石群約四三〇点の遺物が発見されたのである。長浜市祇園町は、長浜城を挟んで下坂浜千軒とはちょうど反対側（北側）に位置している。国土地理院の湖沼図によれば、祇園海岸は下坂浜よりも弓状に湾曲した海岸線を持ち、沖合の湖底には下坂浜沖と同様、明瞭な地すべり地形が認められる。この海岸では、沖合の水没村伝承があり、西浜村千軒遺跡と呼ばれている。今回発見された遺物は、この「西浜村」の沈水伝承を裏付ける物証である。遺物の年代から、沈水時期は室町時代後期であると考えられる。したがって、この遺跡の成因も一五八六年（天正一三年）の地震（天正地震）によって発生した湖岸地すべりであるとして良いだろう。

天正地震では、長浜でも長浜城が倒壊し、当時、城主であった山内一豊夫妻は、一人娘を失った。一方同時に、長浜城の周囲では複数の湖岸地すべりが発生し、多くの人家が沈水して村が失われていたのである。地震が起きたとき、フロイスは長崎県島原にいて、やや不確かな伝聞をもとに法王庁への報告書を書いた。しかし、湖岸地すべりの実態を見ると、彼の記述もあながち誇張ばかりではないかも知れない。天正地震では、岐阜県白川郷近くにあった帰雲城が地震による大規模崩壊に襲われるという悲劇があった。帰雲城は城下町もろとも埋没し、城主の内ヶ島氏一族は一夜にして滅亡した。戦国末期は天正地震の直後に慶長伏見地震が起きるなど地震が多発し、地震災害が政治や社会に影響を与えた時代であった。

（39）長浜市役所（1998）：長浜市史第二巻

江戸時代の湖底遺跡

二〇一五年の琵琶湖水中考古学研究会の調査によって、長浜城の沖合約一〇〇メートル、水深約一・八メートルの湖底で一九世紀初め頃の建物跡が発見された。長浜城遺跡と呼ばれている。八本の柱が湖底から立ったままの姿で残されており、当時の祠の跡と推定されている。前述のように、膳所藩による湖水面標高の観測記録から、近世の琵琶湖湖水位は安定しており、二〇〇年間で二メートル近く湖水面が上昇したとは考えにくい。したがって、この遺跡の成因は、他の湖底遺跡同様に、地震時の地すべりによって浜辺の地盤が琵琶湖に滑り落ちたことと考えられる。建物がほぼ原形を留めつつ、浜辺の砂に載って湖中に移動したと推定されることから、その際の移動形態は地すべり的なもので、地盤の流動化の程度は低かったはずである。

さらに、長浜の五キロメートルほど南に位置する朝妻集落においても、沖合約二五〇メートル、水深約四メートルの湖底に多くの遺物が発見されている。朝妻は、琵琶湖水上交通の要衝として栄えた湊であった。潜水調査によって、湖底には、加工痕（矢穴）を有する長さ一メートルほどの石材が点在していることがわかった。矢穴とは大きい石を切り割るとき、タガネ（矢）を打ち込むための穴である。年代によって特徴があり、湖底で発見された石材は一八世紀以降と判断された。したがって、年代観としては、これらの石材群の沈水も長浜城遺跡と同様、一九世紀初めと考えて矛盾は無い。この付近の湖底を通る音波探査の結果には、地すべりの横断面が見られる。したがって、これらの石材は、当初、朝妻湊の護岸や水路の材料に利用されていたが、地震時地すべりによって湖底にもたらされたものと推定される。

江戸時代後期に滋賀県東部に大きな被害を与えた地震としては、一八一九年（文政二年）六月の文政近江地震が有力である。近江の震度は、少なくとも六弱、彦根では一〇五軒中七〇軒余が倒壊し、彦根城の石垣も崩れた。この時、長浜や朝妻での被害状況は定かでない。しかし、彦根と同じように強く揺れたはずなので、この地震によって浜辺の地盤（砂層）が破壊され、地すべりが引き起こされたとしても矛盾は無い。

現代のウォーターフロントで

湖底遺跡の成因に関しては諸説あるが、少なくとも琵琶湖・湖東の尚江千軒遺跡に関する一連の調査と解析は、地震によって湖岸の地盤が液状化し、当時の集落が湖底に滑り落ちた可能性を強く示唆している。また、下坂浜千軒遺跡、西浜千軒遺跡でも、湖底地形、地盤構造などの調査によって、一五八六年（天正一三年）の地震で湖岸地すべりが発生し、湖底遺跡の成立に至ったと推定される。さらに時代は下り、一八一九年（文政二年）の地震時にも湖岸の地すべりによって建物や護岸の石積みが湖中に没した可能性が高い。このように琵琶湖の湖岸では地震による地すべりがしばしば発生し、災害をもたらしてきた。湖底の千軒遺跡は、それらの痕跡である。

同様な地盤条件は、大規模湖沼の沿岸域や大河川の河口三角州に一般的に存在している。したがって、そうした地域で強い地震があれば湖岸、海岸の沈水現象は発生し、時には歴史に影響を与えたに違いない。例えば、一五九六年慶長豊後地震では別府湾にあった瓜生島が沈没した。[40] クレオパトラが暮らした古代アレキサンドリアは現在、地中海・アレキサンドリア湾の海底に沈んでいる。[41] この都市の四世紀以降の衰退は沿岸域の地すべりが直接の原因であった可能性が高い。現代においても事情は変わらない。一九九九年トルコ・コジャエリ地震の際にはマルマラ海沿岸で、尚江千軒遺跡と同様の地すべりによる陸地の水没現象が発生している。

確かに、沿岸地域の地層の傾斜は非常に小さいので、地震は地すべりの誘因として有力なものの一つである。しかし、過去の事例を調べると、地震以外の誘因でも地すべりは起きている。つまり、地震は絶対に必要というわけでなく、地質条件と適当な誘因が重なれば、沿岸地域のどこでも起きうる災害であると言える。例えば、一九七四年には新潟県粟島で、海底地すべりに巻き込まれた役場、幼稚園の建物が海中に没した。冬の日本海の波浪が引き金とされている。[42] 二〇一〇年にはアマゾン川支流のネグロ川沿岸で、マナウス港の港湾施設が川岸の地すべりにより奥行き約三〇〇メートルにわたって水没し、二名が死亡した。港湾工事が原因であった。二〇一五年にはオーストラリア・クイーンズランド州のインスキップ岬で幅二〇〇メートル、奥行き一〇〇メートルにわたって海岸が陥没し、車数台が水没した。原因はよくわかっていない。以上のように、砂や粘土で作られた沿岸は、長い時間スケールで見れば本来不安定な場所であり、斜面災害のリスクが高いことを、沿岸地域の歴史が教えている。

しかしそれでも、こうした沿岸域の地すべり災害を考慮した都市計画や防災計画はほとんど見られない。歴史と将来の災害を結びつける想像力は、いつも不足気味である。しかし、歴史を省みるならば、水際まで開発が進んだわれわれの都市が、将来の水底遺跡を提供する可能性は無視し得ないのである。

(40) 加藤知宏 (1978)：瓜生島沈没、パピルス文庫
(41) F. Goddio et.al. (2008)：Egypt's Sunken Treasures, Prestel.
(42) 加藤碵一 (1981)：粟島地域の地質、地質調査所

削する場合、穴の中の地下水を不用意にくみ出すと、穴の周囲の地下水位と穴の底面の間に高い水圧が発生し、穴の底面が液状化することがある。

しかし、地震によって液状化する場合が多いのは事実である。それはなぜだろうか？　土が地震力を受けた場合、土粒子が大きくずらされると、大きな間隙水圧が発生する。これは、緩く詰まった砂に多い。そうした地層に対し、間隙水を排出するスピードを上回る速さで繰り返し地震動が作用すると、間隙の水圧は増加していき、やがて土粒子を押し付けていた力を上回ってしまう。これによって土粒子間の摩擦力（有効応力）が無くなるので、土全体が液体のようになる。これが地震によって起きる液状化のメカニズムである。

地下で液状化が起きると、液状化し高圧になった土は、圧力が低い方、すなわち地表に向かって流れ出る。この液状化土が地上に達した跡は**噴砂孔**と呼ばれ、穴の周囲には細かい砂が堆積していることが多い。従来は、噴砂孔の周りでの観察から、液状化は粒径が揃った細粒の緩い砂で起きると考えられてきた。しかし、地質調査所（現、産業技術総合研究所）の寒川旭は、遺跡発掘調査地における観察において、砂礫層が液状化したが、地表に達した物質は細粒の砂のみであった事例を報告している。粒径の大きい重い部分は、途中で留まったからである。また、東京都心の遺跡では、9 ～12万年前の海に堆積したよく締まった砂層が、地震によって液状化した痕跡が見つかっている[(44)]。このように、遺跡発掘に伴う現象の観察は、学問分野を超えて、液状化現象の理解に大いに役立っていると言える。

（44）　江戸遺跡研究会編（2009）：災害と江戸時代、吉川弘文館

基礎知識３◆液状化現象

液状化は土が液体のようになる現象である。それはどのようにして起きるのであろうか？　そのメカニズムを理解するためには、土を力学的に見る必要がある。土は無数の**土粒子**と**空隙**（間隙ともいう）からなり、空隙は空気か水、もしくはその両方で満たされているとするのが、力学的な土のモデルである。この場合、土粒子は固く変形しないと仮定するので、土の変形は、土粒子が互いにずれることで起きる。その際、空隙が押しつぶされたり、拡がったりするので、空気や水の出入りが自由であると、体積変化が起きる。一方、空気や水の出入りができないと、空隙の圧力（**間隙空気圧**、**間隙水圧**という）が変化する。つまり、圧力変化と体積変化は表裏の関係にある。

土に力が加わったとき、空気や水は、土粒子をずらそうとする力に抵抗できない。したがって、土粒子同士の摩擦力が、土の強度の源泉である。ずらそうとする力が、土粒子の摩擦力を上回ると、土粒子と空隙からなる系は力を受け持つことができなくなる。この状態が**土の破壊**である。一方、土粒子の摩擦力は、土粒子を押し付けている力に依存している。土粒子を互いに押し付ける力が大きいと摩擦力も大きい。しかし、この押し付ける力は、空隙の圧力が高まると減少する。つまり、土の強度は、間隙の圧力と表裏の関係にあり、土粒子同士の摩擦力から空隙の圧力を差し引いた正味の摩擦力を、**有効応力**と言う[(43)]。

間隙の圧力が異常に高まると、土粒子を押し付けている力を上回る場合がある。こうなると、土粒子の摩擦力（有効応力）が失われ、土が液体のようになる。この状態が**液状化**と呼ばれている。つまり、間隙水圧が異常に高まる状況になると、地震でなくても土は液状化する。例えば、地下水位が高い場所を掘

---

(43)　土質工学会（1993）：有効応力、ジオテクノート3

Column 4

海底に残る関東大震災の痕跡

神奈川県小田原市根府川は、伊豆半島の東海岸、熱海の北方に位置し、温暖な気候を活かした柑橘栽培と、「根府川石」で有名な小さな集落である。根府川石は、江戸時代から関東の名石として知られ、板状に割れる特徴があることから、石碑や庭の敷石などに用いられてきた。箱根の外輪山溶岩の一部で、輝石という黒っぽい鉱物の結晶が肉眼でも観察できるのが特徴であり、「輝石安山岩」が正式な岩石名である。根府川付近ではこの根府川石溶岩が海に面した急崖を作っており、平野が乏しい。そのため、東海道線の駅や住宅は海岸付近に密集している。

一九二三年（大正一二年）九月一日に発生した大正関東地震によって、この根府川石の斜面が崩壊した。山の斜面が振り落とされるように崩壊した結果、土砂が海岸を埋めて海にまで流れ込んだ。これによって、駅と駅に停車していた列車が流され、死者一一二名、重軽傷者一三名の被害を出した（図上）。沖合を潜水して調査してみると、海底には数メートル角の駅のプラットホームの断片（コンクリートのブロック）やレールの断片が、現在の海岸から一〇〇～二五〇メートル、水深七～一五メートルに点々と分布している（図下）。特徴的なのは、地すべりによって海に運ばれたこれらの遺物が、海中にもかかわらず、割合に広範囲に散らばっていることである。このことは、地すべりの運動エネルギーがかなり大きかったことを示している。

根府川では、駅付近での地すべりとは別に、集落を流れる白糸川の上流でも大規模な崩壊が発生し、高速で流れ下った土砂が谷底の集落を埋め尽くすとともに東海道線の鉄橋を破壊するという惨事が発生した。これによる死者は三三六名を数えた。この災害と区別するために、駅付近の地すべりを、「根府川駅地すべり」と呼んでいる[45]。根府川駅地すべりの主な移動形態は、「水平滑動型地すべり」であり、すべり面の傾斜は水平に近い。地震の際、まず、溶岩の下に堆積していた軟らかい軽石層（ほぼ水平）が破壊し、重い根府川石溶岩を支えられなくなった。次に、溶岩の巨大な岩塊が破壊した軽石層に載って横に拡がった。その結果、駅や列車を載せた地盤が海に向かって押し出されるように滑り落ちたメカニズムが推定されている。

1923年大正関東地震による根府川駅地すべり（上）（内田一正氏提供）。地すべりによって海底にもたらされた東海道線のレール（下）。

　小田原と熱海を結ぶ真鶴道路は、山にへばりつくように海岸線を縫って走る道路であるが、途中の根府川付近ではやや敷地が広く、駐車場なども作られている。この付近の海岸は、根府川駅地すべりが約九〇年前に海を埋め立てた結果、新たに出現した土地である。同様な地質構造は、箱根地域だけでなく、火山地域にはよく見られ、今後も地すべりの発生原因となるであろう。根府川の海岸から海底にかけて残る地すべりの痕跡は、そうした将来のリスクを私たちに示している。

(45) T. Kamai (1990): Failure mechanism of deep-seated landslides caused by the 1923 Kanto earthquake, Japan, 6th ICFL (ALPS90).

第4章 山崩れと人生

古代の畿内では、平城京、長岡京、平安京、延暦寺などの造営に際して、都市周辺の山地において大規模な山地開発が行われた。しかし、古代における都市開発と周辺山地の環境の変化は、不明な点が少なくない。一方、京都周辺の山地内部に残留する様々な堆積物や平野部に流下し堆積した土砂の中には、こうした古代から中世前期に行われた山地開発の状況を記録しているものが含まれている（図15）。したがって、崩壊土砂、土石流堆積物、洪水堆積物などに姿を変えている土砂をできるだけ多く見つけ、それらを年代順に編年することで、都（京）と鄙（ひな）（郊外、周辺山地）の関係史に新たな視点を加えることができるはずである。ここでは、そうした事例として、第4章で主に上流の山地の環境変化について、第5章で下流の平野部に遺された開発の痕跡について述べたい。

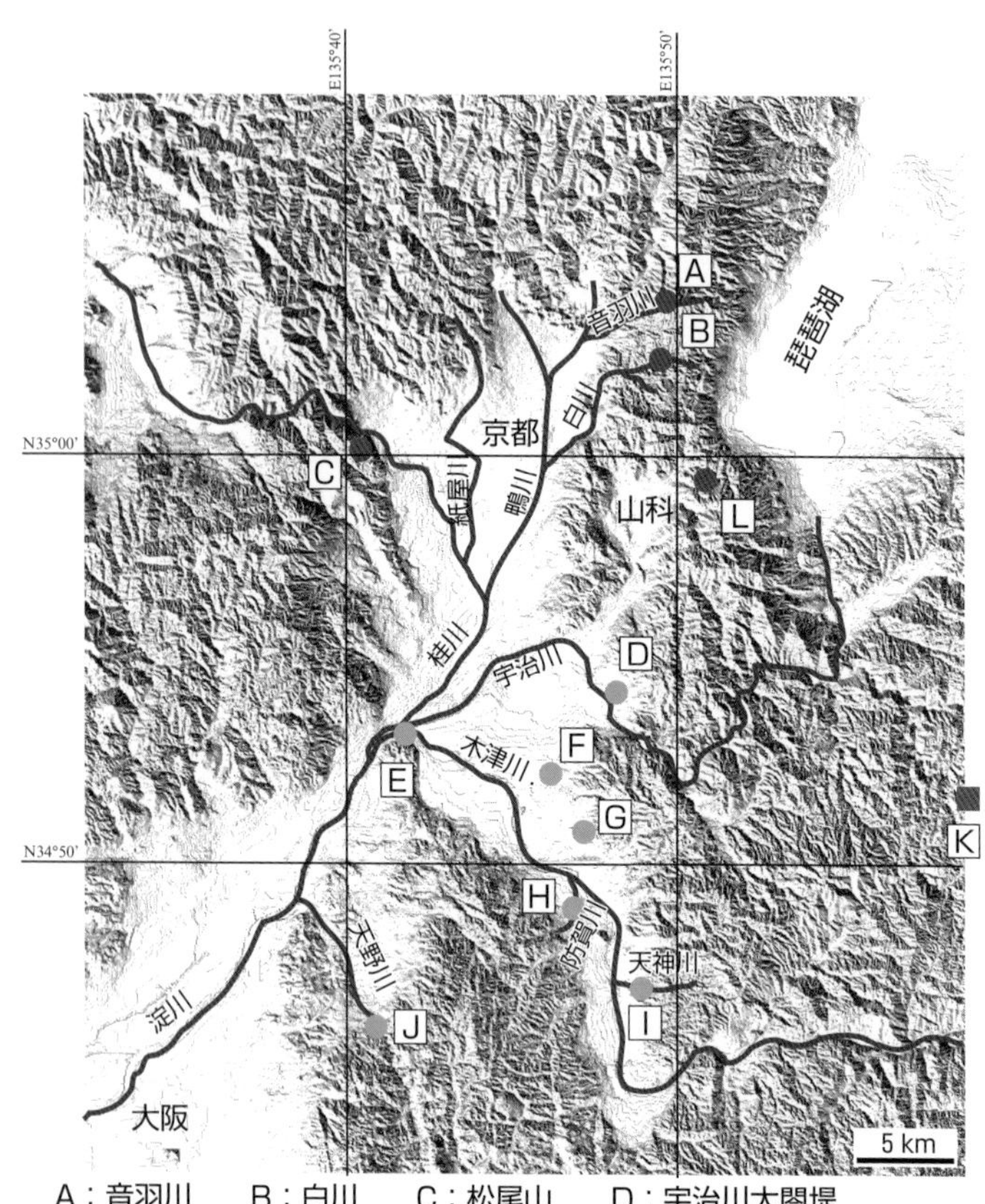

A：音羽川　B：白川　C：松尾山　D：宇治川太閤堤
E：木津川河床遺跡　F：大谷川扇状地　G：長谷川扇状地
H：防賀川　I：天神川　J：天野川　K：多羅尾　L：牛尾観音

図 15●京都盆地の代表的な河川水系、および崩壊土砂、洪水堆積物等の年代測定用試料の採取地点（第 4 章、第 5 章参照）。
地形陰影図の作成には、カシミール 3 D を使用。（基図：国土地理院）

山の木を刈るということ——タブーと防災

古来より人は居住空間を広げるために山林を伐採し、集落を営んできた。伐採が進んだ集落の周辺の「里山」は、日常的に人が立ち入る空間である。しかし、「黒山」と呼ばれ、原生林が広がる深山はある種の畏怖の対象（宗教的タブー）であり、容易に近づける場所ではなかった。まして、黒山の伐採は、祟りの払拭と多くの人を動員する権力が必要であり、一般の人々が簡単にできることではなかった。今昔物語に収録されている木を切る説話からも、こうした事情を読み取ることができる。例えば、「近江の国栗太郡の大柞（ははそ）のものがたり」には、「田畑に巨大な影をつくり人々に害を与えていた大木（柞）を天皇の命によって伐採したところ、陽がよく当たるようになって豊作となった。人々はこれを言祝いだ。」と伝えている。大木を伐採するには、天皇の宗教的権威と政治的権力が必要だったのである。(46)

しかし、山林の開発にそう度々天皇が関わることもできない。したがって、古代から続く山地開発の進行には、天皇に匹敵する権威が必要であった。その頃、各地で成立しつつあった山岳寺院である。

(46) 瀬田勝哉（1995）：伐られる巨樹と山林——開発の時代、「木」の語る中世、朝日百科別冊

図 16●森林の破壊が表層崩壊・土石流の発生を激化させた例。平成 21 年 7 月中国・九州北部豪雨により山口県小鯖川上流の山地では、多くの表層崩壊が発生し、下流では大部分が土石流化した。崩壊の多くは皆伐された斜面で発生し、森林が残る斜面では崩壊の発生が少なかった。

大寺院であれば、宗教的タブーを超えることも容易であり、国家の許可を得て開発を行うことができる。こうした山岳寺院は、未開の「黒山」を切り開いて建設されたが、いったん人の手が入った山は周辺住民にとっては、格好の開発対象となった。こうして山岳寺院周辺の山林は周辺住民からの強烈な開発圧力にさらされることになった。

この圧力に対抗し、山岳寺院は「山林竹木は仏神の荘厳」と称して山林の開発を阻止しようとしたが、それだけで寺域内の樹木が守られるはずもなく、現実的な手段が必要であった。有力寺院の中には地域住民との間に一種の契約（法度）を結び、一部の利用を認める代わりに禁止事項や罰則を定め、山林を守ろうとするものも多くあった。例えば、京都府宇治田原の禅定寺では一二九六年に寺山禁制を定め、住僧の中から山守を任命して、非常に具体的な山林管理を行っていた。さらに少し時代は下るが、泉涌寺の山林法度（一五七一年）、天竜寺の嵐山法度（一五九五年）もそうした山林管理の例である。しかしいずれの場合も開発の流れを完全に押しとどめることは難しかった。結果的に、鬱蒼とした山林は堂宇の周囲に限定され、山林の大部分は開発されて二次林となった[47]。後述のように集落周辺の里山の大部分がはげ山か草山という中世末期の景観は、そうした利害対立と妥協の結果、成立したものである。山地の斜面を皆伐すると、豪雨による山崩れが起きやすくなる（図16）。森林が雨水

（47）瀬田勝哉（2000）：木の語る中世、朝日選書

を貯める能力が失われるからである。したがって、伐採に抵抗する宗教的タブーには、防災に関する一定の合理性があった。しかし、結果的には、はげ山化が進行したため、後の時代には土砂災害が多発するようになった。

石庭の砂の山地

山の成り立ち

京都盆地の東に拡がる山々は東山と呼ばれる。東山三十六峰とも総称され、古代から京都の人々に親しまれてきたこれらの山々の成り立ちは、実は意外なところで京都の文化に深い関わりがある。京都の出町柳付近から鴨川越しに東山を眺めると、右（南）の大文字山と左（北）の比叡山に挟まれた幅広い鞍部が目にとまる（**図17**）。この鞍部は、地質学的には、白亜紀（一億四五〇〇万年〜六五〇〇万年前）に貫入した花崗岩からなり、大文字山と比叡山はホルンフェルスと呼ばれる硬い岩石からなっている。ホルンフェルスとは変成岩の一種で、砂岩や頁岩などの堆積岩類が、熱による変成を

比叡山
（ホルンフェルス）
大文字山
（ホルンフェルス）
白川上流域＝花崗岩山地
鴨川

図17●出町付近の鴨川から東山を望む。中央部の白川上流域は風化されやすい花崗岩、大文字山（右）と比叡山（左）は、ホルンフェルスという固い岩石からなる。地質の違いが地形に反映されている好例として知られている。

受けてできたものである。つまり、白亜紀にドロドロに融けたマグマが地下深部から上昇してきた。このマグマはやがて冷え固まって花崗岩となった。融けたマグマは一〇〇〇度を越える高温である。このため貫入した場所の周囲にあった砂岩や泥岩は、この熱で焼かれてホルンフェルスという岩石（角のように固いので、角岩というドイツ語）に変わった。これら一連の出来事は、地下一〇キロメートル以上の深部で起きていたが、白亜紀から一億年後の現代までの間に、隆起と浸食が起きて、これらの岩石が地表に姿を現した。花崗岩は風化浸食されやすいので鞍部となり、ホルンフェルスは固いので浸食に抵抗し、独立峰を形成した。岩石の性質が、そのまま地形に表れているわけである。

比叡山が霊場に相応しい孤高の姿であり、大文字山の「大」の字が絵になることの背景には、こうした一億年間の物語が存在する。

山崩れの副産物

銀閣寺などに代表される東山文化は、文字通り東山山麓に展開された。その重要なアイコンである石庭では、白川砂と呼ばれ、東山山麓に広く分布する白い砂が使われている。この白川砂の由来を探ってみよう。白川と音羽川は、先述の東山の鞍部を上流部とし、東山から京都盆地に流れ込んでいる代表的な河川である。特に白川は、盆地に入ると南流し、祇園の花街を貫流する典型的な都市河川の一つである。現在、白川の流路は様々な人工構造物によって固定されているが、本来の白川は、幾筋もの流れに分かれ、北白川から岡崎に至る山麓一帯に扇状地を形成していた。堆積物の特徴から、本流は川幅に比し水深が浅く、流路が定まらない流れであったと考えられる。白川砂は、こうした網状の河川が運んだ堆積物である。

それでは、なぜ砂が白いのであろうか？　それは、白川の上流部の山地が花崗岩で構成されるからである。花崗岩が風化分解すると「真砂（マサ）」と呼ばれる砂になる。この砂は、主に石英、長石類などの無色鉱物と黒雲母などの有色鉱物からなっている。しかし、黒雲母などの色の濃い鉱物は、風化のため目立たなくなっているので、砂全体では白く見えるのである。この砂が堆積した川は、河床が白くなる。白川は、平安時代には既にそう呼ばれていた記録が残っている。

真砂でできた山の斜面は脆く、大雨が降るとしばしば山崩れが起き、水を大量に含んだ真砂は容易に土石流となって谷を流れ下る。したがって、白川と音羽川の上流部には、崩壊跡が数多く分布し、山麓には崩壊土砂が運搬され堆積した扇状地が発達している。いわば、白川砂は山崩れが起きるたびに山から麓に運ばれた、山崩れと洪水・土石流の副産物というわけである。この地形を形成する浸食のプロセスは、山崩れとして現在も続いている。実際、一九七二年、音羽川で死者一名を出す土石流が発生した。

祇園新橋の白川畔には、「かにかくに祇園は恋し寝るときも枕の下を水の流るる」の歌碑が佇んでいる。これは、祇園をこよなく愛した歌人、吉井勇がこの地にあったお茶屋「大友」にちなんで詠んだ歌と言われている。白川にせり出す形で建てられていた大友には戦前、夏目漱石、吉井勇、谷崎潤一郎など名だたる文士達が通い、いわば文化サロンのような場であったという。彼らの枕の下を流れていた白川の底には、やはり白い砂が堆積していたはずである。

開発の始まり

山中の遺跡

白川扇状地から上流の志賀峠を抜ける道は、志賀越えといわれ、古代からの京・近江間の主要交通路であった。その道筋は、百万遍の南から京大構内を抜けて扇頂部を縫うように、東山山中に入り、白川を遡って行く道である。東山に入ってしばらくの間、白川は深い渓谷であるが、稜線近くの山中集落の周辺は、やや緩やかに開けた地形となっている。山中集落は、鎌倉時代後期の石仏で知られ、街道の中継地である。古くから人が定住したので、周囲の山地にはその痕跡が残されている可能性が高い。それを示す具体的証拠はこれまで無かったが、近くの谷筋を調査中、明らかに人工的な掘削の跡を示す四角い溝の断面を発見した（図18）。この溝の中には多くの炭が残されており、その年代を測ったところ、七世紀終わりから八世紀後半を示す暦年値（2σ）を得た。延暦寺の本格的な開基は八二四年であるが、小規模な寺院が七八九年から存在したといわれている。この遺跡は、山地の開発がその頃から始まったことを示すものかも知れない。遺構が発見された谷は、白川の支流である鼠川の

図 18●白川上流遺跡で発見された四角い穴（方形土坑)。内部は、火を焚いたことを示す焼土と炭で充填されている。炭からは、7世紀〜8世紀の年代値が得られた。

一部なので、この場所を鼠川支流遺跡と呼ぶことにする。

埋没黒色土壌

七世紀の終わりに鼠川支流遺跡で溝が掘られた後、この地域では人々が継続的に痕跡を残すようになった。単に、山に人が立ち入ったとしても、その痕跡が何百年も残ることは少ない。しかし、この地域では通常よりも明らかに厚い表土（黒色土壌）が複数の層準に埋もれていることが確認された（**図19a**)。かなり継続的で大規模な森林開発が行われたことがうかがえる。これら埋没土壌の年代は、最も若いもので一六世紀を示している。土壌が通常よりも厚いのは、人為的な山焼きや火入れの影響である。つまり、七世紀〜一六世紀に

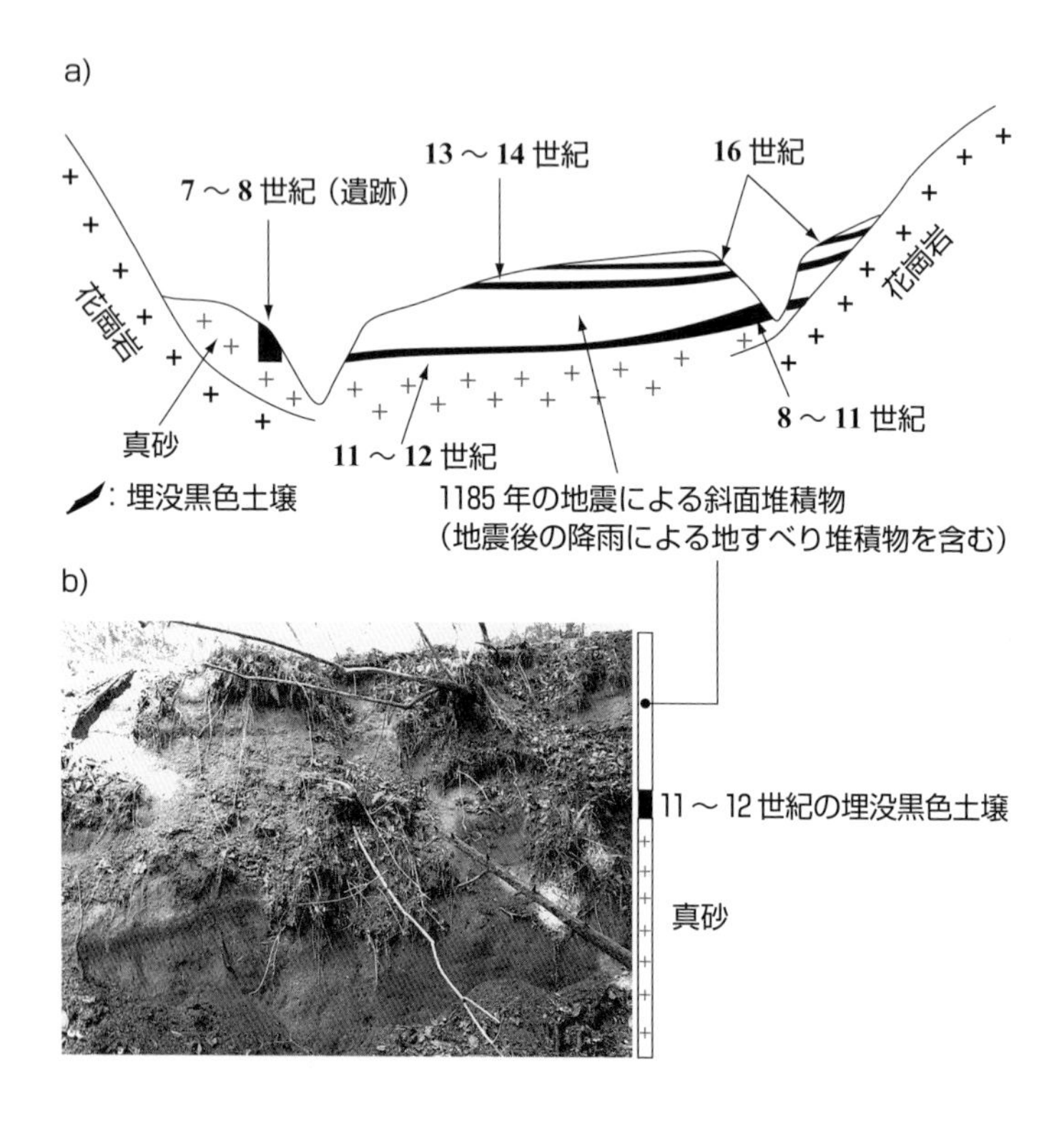

図19●白川上流遺跡周辺の谷埋め堆積物と複数の層準に発達する埋没黒色土壌
a）谷埋めの模式断面
b）11～12世紀の黒色土壌を覆う厚い谷埋め堆積物。1185年の地震による斜面堆積物（地震後の降雨による地すべり・土石流堆積物を含む）と考えられる。

至る期間、約一〇〇〇年間に及ぶ長期間にわたって、人々がこの地を利用し続けたと考えられる。

しかしなぜ、このような山中に鼠川支流遺跡が成立したのかは、今も謎である。遺跡の付近には山中には珍しい平坦地があるので、利用価値があったのかも知れない。また、遺跡のすぐ側を古代から中世にかけての主要交通路であった志賀越えが通ることにも関係がありそうである。いずれにしても、山の植生を管理するために山焼きが頻繁に行われたようで、その結果周辺の斜面では、はげ山化が進行し、地すべりや崩壊が起きやすくなったと考えられる。そしていったん、地すべり・斜面崩壊が発生すると、当時の表土である黒色土壌が埋没する。埋没黒色土壌が層位によって様々な年代を示すのは、この一連のイベントが繰り返されたためだと思われる。現時点では、白川上流域で約六層準の埋没黒色土壌が確認されている。

埋没黒色土壌の厚さは、厚いところでは二〇センチメートルに及ぶ。土層の上端と下端の年代を測定したところ、約一〇〇年～二七〇年の違いがあった。両端の距離を年代の差で割り、埋没黒色土壌の平均的な形成速度を求めると、約〇・七四～二ミリメートル／年と算出された。代表的な花崗岩山地である六甲山や田上山などにおいて、表土層（A層）の形成速度は、〇・一～〇・五ミリメートル／年と言われている。[48] この値は、自然に近い状態での平均的な土壌形成速度と考えられる。それに対

（48）鳥居厚志（1989）：花崗岩土壌に見られるA層の形成速度の一試算例、森林総合研究所関西支所年報三一

し、鼠川支流遺跡における土壌形成速度はかなり大きく、土壌の形成に人間活動が強く影響を及ぼしていることが、改めて裏付けられた。山の開発は、はげ山化以外にも道路や居住地の形成によって様々な影響を斜面に及ぼす。黒色土壌を埋没させた崩壊の発生そのものにも、人間による山地環境の破壊が影響しているのかも知れない。

一二世紀の大震災

鼠川支流遺跡は、歴史時代の土砂で覆われた平らな場所である。ここは本来の（先史時代までの）谷底が、土砂で埋められてできたと考えられる。そうした土砂を谷埋め堆積物と呼ぶ。ここの谷埋め堆積物に挟まれている埋没黒色土壌は複数あるので、谷埋めイベントは何回か繰り返されたことがわかる。ただし、谷埋めイベント毎の堆積物の厚さは均等ではなく、真砂（風化花崗岩）を直接覆っている最初の谷埋め堆積物が最も厚く広く分布する。したがって、鼠川支流遺跡の地形の骨格を作ったのは、最初の谷埋めイベントであったと考えられる。それでは、この最初の谷埋めは、いつ、何がきっかけで起こったのであろうか？

この最初の谷埋め堆積物最上部にあった埋没黒色土壌の年代は、一二世紀半ば（Cal AD 1118–1150）

を示した（図19b）。したがって、谷埋めは、おそらくは一二世紀後半に起きた出来事であったと推測される。この谷埋め堆積物は、ほぼ均一な締まった粗粒の砂からなり、ところどころ花崗岩の角ばった礫を含んでいる。礫の含まれ方に規則性が無く、全体に塊状であることから、大部分は一気に移動して堆積した地層であり、周辺斜面からもたらされた土砂と考えられる。さらに、この堆積物の上部には、水流の跡と思われるラミナが発達している。このことから、一二世紀後半に谷を取り巻く斜面で大規模な崩壊が発生し、谷全体が土砂で埋まった。そして、いったん谷を埋めた土砂の一部が、流水で洗われて再堆積したと考えられる。それ以後も崩壊は起きたが、最初の時ほど大規模でなかったため、堆積物は谷を部分的に埋めるに留まったのだろう。

一方、最初の谷埋め堆積物とほぼ同じ年代を示す埋没黒色土壌は、遺跡の外の地域にも広く分布する。尾根を隔てた北側の谷では、小規模な地すべり堆積物が、一二世紀の土壌を覆っている。この地すべりは、一時的に当時の川を堰き止めた可能性があるが、ほぼ同じ場所に現代の砂防ダムが造られている。昔も今もダムの適地はそう多くないことがわかる。また、山科北部の牛尾観音では、境内の一部が一一世紀〜一二世紀半ば（Cal AD 1026–1155）以後の谷埋め堆積物の上に広がっている。つまり、斜面崩壊と谷埋めによって山中に平らな場所ができ、寺院が拡張された可能性がある。ただし、牛尾観音の創建は宝亀九年（七七八年）と伝えられている。

京都は一〇〇〇年以上の歴史記録が詳細に記録されている、世界でもまれな大都市である。一二世

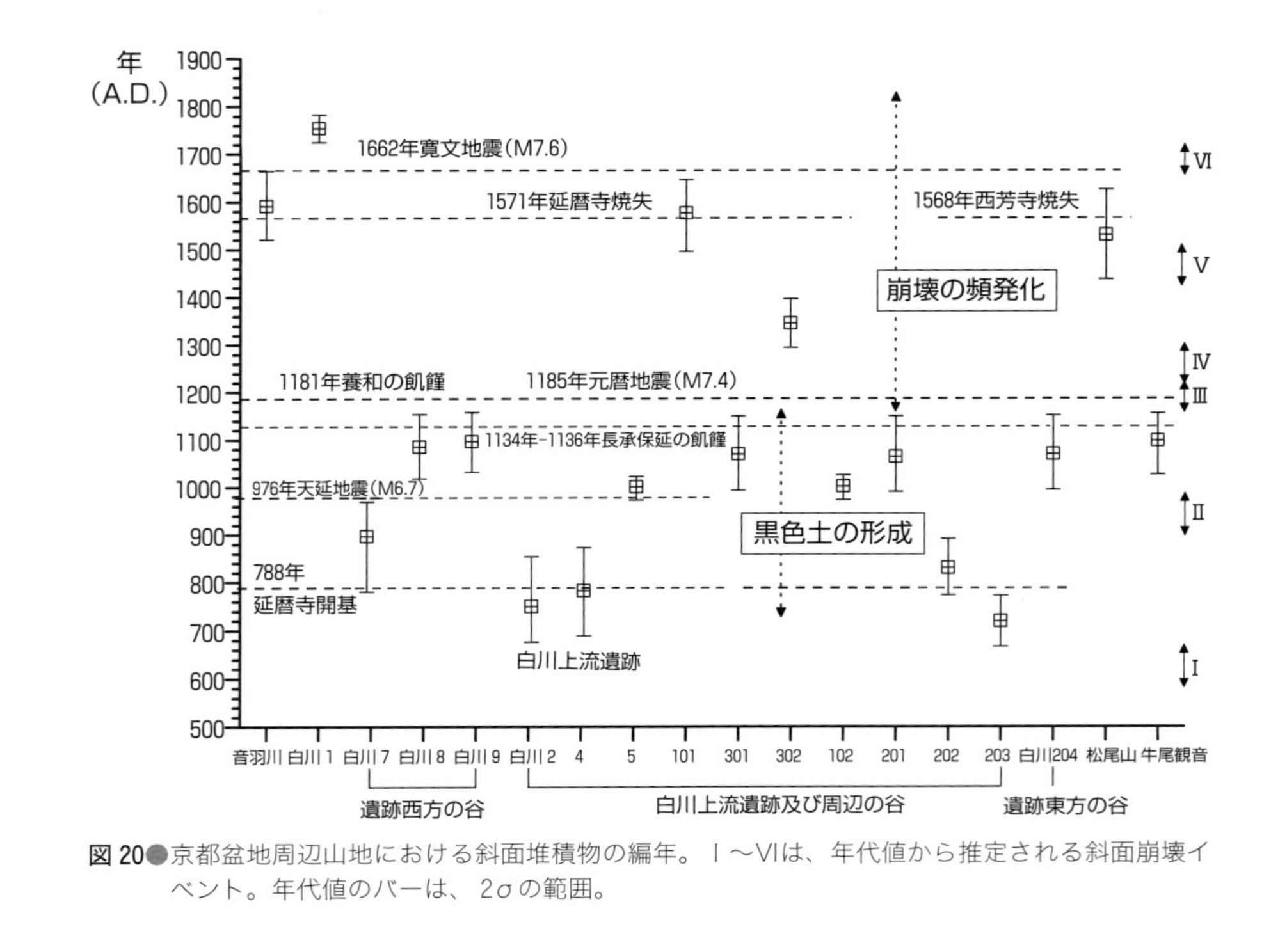

図20●京都盆地周辺山地における斜面堆積物の編年。I～VIは、年代値から推定される斜面崩壊イベント。年代値のバーは、2σの範囲。

紀後半に東山一帯に顕著な土砂被害をもたらした事件としては、一一八五年の元暦地震が特筆に値する。この地震は、鴨長明の『方丈記』に「土さけて水湧きあがり、巌割れて谷にまろび入り」とルポルタージュされ、平家物語にも描かれた地震として知られている。震源は琵琶湖西岸断層と推定され、京都中心部よりも東山から近江南部で大被害が出た[49]。大きな地震があると、その後の雨によって大規模な土石流が発生することが多い。地震によって緩んだ斜面は、わずかな雨でも崩壊するからである。崩壊が地震によるものか、豪雨によるものかを堆積物から判別することは難しい。しかし、上述のように、白川から山科にかけて、一二世紀後半の堆積物が広く分布することを考えると、これらは一一八五年元暦地震に直接的、ないしは間接的(地震直後の雨による土砂流出も含む)に関係していると考えられる。すなわち、崩壊堆積物の分布は、大規模直下地震の感震器としての意味があると言える。

山地で発見された土砂の年代値を並べると、図20のようになる。黒色土層を埋没させたと見られるイベントは、約一〇〇〇年間に六回あったと考えられる。平均すると約二〇〇年に一回のペースである。一方、一二世紀の埋没黒色土層以後の埋没黒色土層は四層準(Ⅲ~Ⅵ)で認められるのに対し、それ以前に形成された黒色土は、二層準(Ⅰ~Ⅱ)に過ぎない。未発見の埋没黒色土層準が存在する可能性は否定できないが、少なくとも現時点では、一二世紀以降に崩壊が激化した傾向が認められる。

(49) 西山明仁(2000):元暦二年(一一八五)京都地震における京都周辺地域の被害実態、歴史地震、一六現代においても、大地震後の山地斜面は脆弱化し、長期間にわたって不安定になることが知られているので、その影響かも知れない。

離宮の谷

一一八五年の元暦地震以前に東山一帯に甚大な被害を及ぼした地震としては、九七六年の天延地震が知られている。詳細は不明だが、近江で大被害が出たと言われている[50]。志賀峠を越えて近江側に少し下ると、大津宮の時代に創建された崇福寺跡に至る。かつて、崇福寺の堂宇は狭い尾根の上に点在していたが、この地震で一部が谷に滑り落ち、僧一〇〇〇人が転落死したと伝えられている。稜線の反対側（京都市側）であるが、崇福寺跡に近い谷の最上流部では、この地震とほぼ同じ年代（Cal AD 781–970）を示す崩壊堆積物が発見されている。天延地震時の崩壊堆積物かも知れない。

一方、白川の北方を流れる音羽川上流で、一七世紀後半の年代（Cal AD 1620–1664）を示す崩壊堆積物が発見された。この頃の地震としては、寛文二年（一六六二年）の寛文地震が有力な候補である。寛文地震は、花折断層北部を震源とする地震である[51]。花折断層は、京都市中の吉田神社付近から、安曇川の谷に沿って滋賀県今津町（現、高島市）付近にまで続く活断層である。この断層が作る谷は朽木谷と呼ばれ、古くから京都と日本海側をつなぐ若狭街道が通っていた。現在では、鯖街道として有名であるが、元亀元年（一五七〇年）に織田信長が越前から退却した際、通った道でもある。[52]

この地震の際、安曇川上流の葛川地区では多くの斜面崩壊が発生した。中でも、「町居崩れ」と呼ばれる大規模な崩壊が有名である。天然ダムが形成され、堰き止め湖が出現した。町居崩れ以外の崩壊の分布はよくわかっていないが、小規模のものは相当数発生したはずである。京都市街では、東北部で軽微な被害が発生したと言われているので、上記の堆積物は、寛文地震に対応する崩壊堆積物としては、南限に近いと考えられる。この下流にある修学院離宮は、近世初期の大規模な施設で、ため池堰堤等の水理構造物も作られた。現代の砂防ダム群と同様、上流からの土砂流出に対処する意味もあったのかも知れない。

（50）西山昭仁（2013）：天延四年（九七六）京都・近江の地震における被害実態（演旨）、歴史地震、二八

（51）前掲「新編日本被害地震総覧」

（52）朽木村史編さん委員会（2010）：朽木村史

マツとはげ山

京マツタケの始まり

民俗学者柳田国男は、『不幸なる芸術』の中で、なぜか今昔物語に出現するキノコの話を始める。[53]そして、物語に出てくるキノコの多くはヒラタケであること、近世以降の京料理を特徴づけるマツタケに関する記述は室町以前にはほとんど見られないことに注目し、奇妙な謎であるとしている。これを受けて、千葉徳爾は、他の日記や文学作品でキノコの記述を調べた。その結果、宇治拾遺物語（一二一三～一二二一）や明月記（一一八〇～一二三五）の頃になると、ヒラタケは貴重品化し、マツタケに関する記述がそれと入れ替わるように増加していると述べている。[54]つまり、キノコの変化は、京都盆地周辺では一三世紀頃からヒラタケが成育する鬱蒼とした広葉樹林が減少し、アカマツ林が増えたことが示唆される。アカマツは崩壊跡の裸地によく成育する樹木なので、京都周辺山地でのキノコの変化は、一三世紀以降に東山で山崩れが増加する傾向と一致する現象である。

キノコの山の変化は、当時の絵図等に反映されていてもおかしくない。実際に、室町期を代表する歴博甲本洛中洛外図および上杉本洛中洛外図の山地の描写では、現在では樹木に遮られて見ることができない崖や滝等が多く描き込まれている。[55] こうした絵画での描写、上述のキノコに関する記述の分析、崩壊堆積物の年代分布の三者を総合すると、応仁の乱後の室町後期、京都近郊山地の景観は、現在とは大きく異なり、既に高木の類は少なく、低い柴や草の植生の部分が拡がり、部分的には、はげ山も出現していたと考えられる。

花粉は語る

花粉はアレルギーの原因となるので、現代では困った存在である。しかし、昔の環境を推定するうえでは、数が多く、遠くに飛散しやすく、保存されやすい特徴は逆に有利に働く。そこで、年代測定に使った東山の崩壊堆積物や埋没黒色土壌に含まれる花粉の種類を調べた。その結果、一二世紀末の元暦地震直後から一三世紀初めぐらいまでの堆積物には、マツ花粉が約六〇％、スギとコナラ（広葉

(53) 定本「柳田国男集」第七巻（「不幸なる芸術」烏滸の文学12）
(54) 千葉徳爾（1973）：はげ山の文化、学生社
(55) 諏訪浩（2012）：京都東山の土砂災害、京都の歴史災害、思文閣出版

樹）の花粉がそれぞれ二〇％弱含まれていた。木の種類によって花粉の生産量が違うので、この比率が直接樹木の構成率にはならないが、この頃は、マツ、スギ、コナラの樹木が混在した森が存在していたと推定される。スギやコナラは、乾燥した荒れ地に最初に侵入するマツよりも、湿った土壌を好む樹木である。したがって、遺跡の周辺斜面において元暦地震による森林の荒廃は著しかったものの、数十年後には二次林が成長し、地震による痛手から植生が回復しつつあったことがうかがえる。

しかし、一四世紀初めから一六世紀初めまでの堆積物では、マツのみが卓越（約八〇％）し他は一〇％以下しか含まれない。すなわち、極めて単調な花粉組成に変化した。一七世紀になると、スギが少し増加するが、マツの卓越傾向は基本的には維持されている。このことは、一三世紀～一五世紀の三〇〇年間に、東山の山林で劇的に開発が進み、マツのみが成育できるような環境になったことを示している。

元暦の地震による崩壊の多発は山を荒廃させたが、そのまま放置されていれば、森林は回復したはずである。しかし、その後の戦国時代頃から人々が頻繁に山に入るようになり、伐採を繰り返したため、森林植生はほぼ完全に破壊された。斜面の荒れ地化が、今度は人の手で進行したわけである。京都に近い山地では、戦乱による木材需要や燃料需要もそうした行為を促進させたに違いない。こうした山地斜面のはげ山化は、やがて土砂の流出を増加させ、京都盆地での洪水や河床の上昇を招くことになった。

山の寺と土石流

科学の時間と生活の時間

土砂災害に見舞われた地域を調査すると、しばしば「未曾有の出来事」、「言い伝えに無い」、「村で初めての出来事」等の言葉を耳にすることがある。しかしその後、土石流が出た谷筋に調査に入ると、そうした証言とは異なり歴史時代の土石流の痕跡を目にすることが多い。方丈記のような優れたルポルタージュは望むべくもないが、紙や石に書かれなかった、いわゆる口碑の保存期間は意外に短く、それのみに頼ることは危険である。

二〇〇九年七月二一日に山口県防府市真尾で発生した災害もその一つであった。この災害は、後に気象庁が「平成二一年七月中国・九州北部豪雨」と命名した災害の一部であり、上田南川で発生した土石流によって、特別養護老人ホーム「ライフケア高砂」が被災し、入居者七名が死亡した。施設が作られる以前の空中写真や地形図を検討するとともに、現地調査をした結果、山地を流れ出た上田南川は、真尾付近で古い土石流扇状地（土石流堆積物の集合体）を形成しており、ライフケア高砂はその上に建設されていたことがわかった。つまり、科学的な長い時間スパンで見れば、今回の土石流はごく普通の日常的な出来事であったと言える。

しかし、真尾集落の人々にとって、この土石流は数世代にわたって経験したことがない規模の大災害であり、伝承においても土石流災害の記録（記憶）は存在しないとされている。つまり、今回の災害は、科学的（地球科学的）な時間スケールと生活世界の時間スケール間の食い違いがもたらした典型的な事例である。したがって、この災害を理解するには、上田南川における土砂流出の歴史をひもとく必要がある。

堆積物が語る谷の歴史

土砂流出の歴史は、谷に残る堆積物に記録されていた。今回（二〇〇九年）の堆積物を除くと、上田南川の谷の中に分布する土石流堆積物は、少なくとも、古期、中期、新期の三時期に区分できる。露頭で見ると、古期堆積物はよく締まり茶褐色で粘土化が進んだ堆積物である。色調が茶色いのは、おそらく風化した火山灰（ローム）を含んでいるからであろう。年代は、明らかに地質時代、それも更新世（一万年以上前）まで遡りうると推定される。一方、中期堆積物は、古期堆積物に比べてかなり軟らかく、灰色をしている。そして新期堆積物は、それよりもさらに軟らかい脆く崩れやすい砂混じりの礫層である。これらの点から、おそらく中期堆積物と新期堆積物は歴史時代の土石流堆積物であり、その頃の災害の痕跡であると考えられる。

新期堆積物の中に含まれていた炭質物を採取して年代分析を行った結果、その年代は一八世紀から一九世紀の江戸時代末を示すことがわかった。[56] 中期堆積物の年代を直接示す年代値は得られていないが、森林総合研究所の大丸らは、上田南川の最上流部で谷埋め堆積物を発見し、含まれていた炭質物から一六世紀後半の年代値を得ている。[57] 谷埋めは大規模な斜面崩壊の発生を意味する。おそらく、下流では大規模な土石流が発生していたに違いない。したがって、下流の谷の中に見られた中期土石流堆積物の年代を一七世紀初め頃と考えても矛盾は生じない。したがって、この谷では一七世紀以降、堆積物に記録が残るほどの大規模な土砂災害（斜面崩壊）が、少なくとも二回発生しており、その間隔はほぼ一〇〇年から二〇〇年程度と考えられる。[58]

（56） Cal AD 1680–1740 or 1800–1940 or 1950–1960であるが、近代以降には災害記録が無い。

（57） Cal AD 1590–1620（1σ） 大丸ら（2011）：二〇〇九年に山口県防府市周辺で発生した崩壊の歴史的背景、砂防学会誌

（58） 気象統計による降水確率によれば、今回と同様の雨は、一五〇～二〇〇年間隔で降っていると推定され、堆積物の検討結果と一致する。

崩壊の免疫性

斜面崩壊が発生するには、崩壊する物質が斜面上に厚く貯まる必要がある。すなわち、岩盤の風化が進み、斜面上の土層が一定の厚み（〇・三〜一メートル）に達すると、崩壊が発生しやすくなる。逆に言えば、いったん、崩壊が発生し斜面上の土層が流されると、それは時計の針をリセットしたのと同じことで、時間が経過してもう一度土層が厚くなるまでは崩壊が起きにくくなる。このことを人間の病気にたとえて、崩壊の免疫性と言っている。免疫期間は、岩盤の風化速度の影響を強く受けるので、岩盤の種類や気候条件（風化速度を支配する）によっても異なる。わが国の気候条件下では、上田南川のような花崗岩の場合で約二〇〇年、鹿児島県のシラスの斜面では一〇〇年以下と言われている。しかし、これらは例外的に風化速度が速いケースであり、堆積岩や火山岩からなる山地での免疫期間はもっと長くなる。したがって、大抵の大災害は、住民にとっては「未曾有」のものとなる。

中世の宗教都市

現代の真尾集落は、典型的な中山間地の村であるが、戦国末期までは人口も今より多く、市も開かれるような都市的な場所であった。背後の山地に松尾山天皇院光明教寺の十二坊が存在していたからである。[59] 天皇院は、平安初期から一五八一年（天正九年）まで存在した、西の高野山とも称される有力山岳寺院であり、麓の村は天皇院の山下集落として機能していた。領主の大内氏の庇護のもとで大いに栄えたが、大内氏滅亡後の天正九年に武力による襲撃を受けて破壊され、以後再建されることはなかった。

この様子を克明に記した資料がある。江戸時代、村田清風らによる藩政改革の一環で公式の記録は言うに及ばず、社寺の所伝、伝説・伝承に至るまであらゆる記録を集成し、一連のアーカイブスが作成された。これを防長風土注進案と呼んでいるが、その中に一五八一年（天正九年）の天皇院滅亡時の状況が以下のように記録されている。「群盗松尾森國等之長臣に組し、多勢一山に乱入し僧侶僮僕を殺害し名器財宝奪取僧坊に放火す」、「防火能わす、餘煙一山之伽藍に及、諸堂焼亡」[60]。すなわち、単なる物盗りではなく、寺の徹底的な破壊を目的とした犯行によって、天皇院は滅亡したのである。松尾森國なる人物は不明であるが、おそらく地侍クラスの武家と考えられる。

このような山の寺に対する世俗勢力の攻撃は、戦国末期にはしばしば起きた事件である。卓越した

(59) 防府市（2004）：防府市史第二巻
(60) 山口県文書館（1965）：真尾村二十六、三田尻宰版　防長風土注進案第一〇巻、山口県

荘園領主でもあった山の寺と一円支配を目指す武家が対立するのは必然であり、その結果、多くの山の寺が廃絶した。しかし、「山林は仏神の荘厳」という主張で森林伐採を曲がりなりにも押しとどめてきた山の寺の消滅は、それ以後、住民による山地開発を促すことになる。上田南川源流部で見つかった谷埋め堆積物の年代と天皇院の滅亡時期がほぼ一致することは、この頃から山地開発が加速され土砂生産能力（土石流発生ポテンシャル）が増加したことを暗示している。

現代の山麓で

真尾集落のように土地の記憶が正しく伝承されず、結果的に災害に遭ったケースは数多い。平成二六年（二〇一四年）の広島土石流災害はその典型である。死者行方不明者七四名の大災害であるが、中でも、安佐南区八木地区では被害が大きかった。例えば、八木三丁目の土石流は、渓流沿いの住宅、県営緑丘住宅を直撃し、ここだけで死者・行方不明者四四名の災害となった。(61) これら被災した住宅地は、新しい土石流堆積物の上に拡がっていた。住宅地ができる以前の空中写真を見ると、土石流堆積物の形がよく保存されていることがわかった。このように土石流堆積物の表面地形が明瞭で新しいということは、現在作られつつある地形であるということを意味する。さらに、いくつかの谷では近世の土石流堆積物が見つかっているので[62]、これらの住宅地がいつか土石流に襲われる蓋然性は極めて高かったと言える。しかし、こうした地形に残された災害リスクを都市開発・宅地開発に関係する行政も不動産デベロッパーも住民も重要視しなかった。このことが、今回の災害の重要な背景である。

しかし、このように土地の記憶を忘却した開発が、当初から横行したわけではなかった。広島市公文書館が所蔵する昭和三六年四月の空中写真を見ると、八木三丁目の県営団地の二つのセグメントの間には、巨礫が地表に点在する真新しい土石流堆積物が分布している。おそらく、江戸時代の堆積物と思われる。県営団地は、わざわざセグメントを分けて、この土石流堆積物を避けるように配置されているので、計画段階では土石流の危険性が認識されていたと思われる[63]。今回の土石流では県営住宅も一部被災しているので、大規模な土石流への対策としては、この程度の配慮だけでは不十分であっ

(61) 応用地質学会（2015）：「土地の成り立ちを知り土砂災害から身を守る」平成二六年広島大規模土砂災害調査団報告書

(62) 楮原ほか（2016）：2014年広島土石流災害発生2渓流沖積錐を形成する土石流堆積物の編年、自然災害科学、三四

ここでは、九世紀以前、一六世紀、一九世紀の三時期の土石流堆積物が見つかっている。この年代分布は、防府市真尾の場合と同様であり、一六世紀以降の土石流発生頻度の増加は、戦国末期における木材需要の増大と森林破壊を反映している可能性がある。

たと言わざるをえないが、リスクに対処しようとした姿勢は評価できる。しかし、昭和四六年六月の空中写真では、空き地として残されていた土石流堆積物の表面は整地され、駐車場、宅地として利用されている。列島改造ブームを経て、山津波（土石流災害）に対する危険性の認識が、経済効率の前に薄れていったことがうかがえる。当然、住宅も県営住宅の周囲に密集するようになり、より上流側の谷の中にまで住宅地が開発されるようになった。こうした場所は、土石流の通路であるので、今回は土砂の直撃を受けて大きな災害を引き起こすことになった。

「災害（天災）は忘れたころにやってくる」とは、寺田寅彦が言ったとされる警句である。しかし、都市の斜面災害に関しては「災害は忘れたためにやってくる」と言うことができる。

Column 5

ヨーロッパの大開墾時代

わが国と同様、ヨーロッパにおいても一二世紀は、大開墾時代だった。それを担ったのは修道士や隠者と呼ばれる一群の人々である。山林開発に宗教の力が必要だった点も、わが国とよく似ている。ヨーロッパの基層である古代ゲルマン社会において、本来、山林は無主の地であり、皆のものであった。中世に入り、時代が下るにつれて多くが私有地化されるが、公共林はずっと存在し続けた。また、たとえ私有の山林であっても、枝や草を刈って持ち帰ることは許されていた。山林が公共の場であるという意識は、近代に至るまで、共有されていたのである。この点も、わが国の入会制度とよく似ている。

わが国では、明治政府の地租改正・寺社上地令、近代的官僚システムの整備等の中央集権化政策によって、伝統的な地域社会の土地管理機能は崩壊した。一方、ヨーロッパには、国土をコモンズとする伝統や文化が、現代でも色濃く残っている。例えば、北ヨーロッパでは万人権と呼ばれる権利があり、土地所有者の許可無く、人々が山野に遊び、キノコ等を取ることが認められている。[64] この他にもナショナルトラストなどの伝統や環境を保存しようとする運動が二〇世紀初め頃から盛んになった。明治政府が取った強引な政策の背景には、西欧型の近代国家に連なりたいとする大方針があった。しかし、そのあこがれのヨーロッパにおいてさえ、伝統を保護し激変を緩和する様々な動きがあった。西洋近代の明るさに目がくらんで、そういう細かいところにまで気が回らなかったのが、明治という時代の特徴でもある。

(63) この地区に残る「蛇王池」伝説、「山に住む大蛇(土石流)が里におりてきては、人々に害を与えた。これを香川勝雄という若武者が退治した。大蛇は首をはねられ、自分の流した血でできた沼に深く沈んだ。里の人々はそこを蛇王池と呼んだ」。「蛇王池の碑」が、広島市安佐南区の八木地区にある。

(64) 池上俊一(2010):森と川——歴史を潤す自然の恵み、刀水書房近年になってわかってきた。そのため、年輪などを数えることで^{14}Cとは別の方法で年代を求め、その時点の^{14}C存在比との関係をプロットした**較正曲線**が作られている。こうして較正された年代（暦年）は、**Calibrated（較正済み）**を意味する「Cal」を付けて、「Cal BC」や「Cal AD」と表記される。本文中で用いた年代測定値は、全て暦年較正年代である。

ただし、^{14}Cの濃度測定には、必ず誤差が存在する。それを考慮して、測定年代は、1標準偏差（1σ：その範囲に正解が入る確率が68.2%）か、2σ（その範囲に正解が入る確率が95.4%）で表示されるのが普通である。一方、歴史時代においても^{14}Cの濃度が一様に減少しておらず、数十年周期で濃度が上下した時期も存在する。そうした場合は、複数の暦年較正年代が得られることになるので、地層の上下関係や遺跡・遺物などの情報から候補となる年代値を絞り込む作業が必要となる。

基礎知識４◆年代測定法

地層の**絶対年代**を推定する方法には、放射性元素、熱ルミネッセンス、フィッションドトラック、電子スピン共鳴等を応用する様々な手法が知られている。しかし、歴史時代を対象とした年代測定としては、**放射性炭素^{14}C**を用いる方法が最も一般的である。自然界には、原子量12の炭素^{12}C、原子量13の炭素^{13}C、原子量14の炭素^{14}Cの３つの同位体が存在する。このうち、^{12}Cの存在比は約99％、^{13}Cは約１％であり、^{14}Cは大気中に極微量、約１兆分の１程度含まれているだけである。しかし、これらの炭素同位体のうち、^{14}Cのみが自然に**電子**を放出して窒素^{14}Nに変わるという**放射性崩壊**を起こす同位体であり、その性質が年代測定法に利用されている。

^{14}Cは、地球の大気の最上部で生成されている。そこでは、太陽からの**宇宙線**が大気に当たり、できた**中性子**が窒素の**原子核**に吸収されるという、地上での放射性崩壊とは逆の反応が起きている。その結果、生成される^{14}Cは年間約7.5kgとされており、これらが大気循環によって地球上にばらまかれ、生物の身体に取り込まれているのである。われわれの骨や歯にもそうした^{14}Cが含まれている。さて、生物が生きている間は、体内の^{14}Cの存在比は、大気中と同じであるが、生物が死んだ瞬間から、^{12}Cや^{13}Cに比べて一方的に^{14}Cの存在比が減少し始める。^{14}Cの減少は、**5730年**で半分になることがわかっているので、存在比の減り方がわかれば、生物が死んだ時からの年代がわかるという訳である。

この年代測定法には、「^{14}Cの大気中の存在比は一定である」という仮定が必要である。しかし、厳密には^{14}Cの生成量は、太陽活動の影響によって変化する。さらに、海洋に蓄積された古い炭素が大気中に放出されたイベントも報告されている。すなわち、長期的に見れば、存在比は大きく変化してきたことが、

第5章……天井川時代

　前章では、堆積物の分布や年代値を手がかりに、山地斜面の歴史を見てきた。歴史上の巨大地震や人々の暮らしの変化は、「山」の状態に大きな影響を及ぼした。少なくとも近世以前には、現在とは全く異なる風景が展開していたのである。それでは、こうして長年にわたって繰り広げられた山地斜面の開発は、下流の平野部にどのように影響したのであろうか。実は、それを具体的に物語る特徴的な地形が、近畿地方の平野部に発達している。「天井川」である。天井川は、砂礫の堆積により川床が周辺の平面地よりも高くなった（河床が上昇した）川である。通常の河川地形とは異なり、その形成には、人間が大きく絡んでいる。つまり、天井川は、半分自然、半分人工の地形であると言える。ここでは、天井川とその周辺の洪水堆積物を通じて、中世以降の自然と人間の関係史を見ていきたい。

天井川はどうしてできたのか

自然状態にある川は、中下流域で蛇行を繰り返し、時には氾濫して土砂を広い範囲に堆積させ、平野を作ってきた。しかし、これでは人間の生活に不便なので、やがて堤防によって河道が固定されるようになった。現在、われわれが目にする国内の川はほとんどこうした状態にあると言って良い。

しかし、中流部において堤防が作られ、氾濫がなくなると、川が運ぶ土砂は河道の中に堆積することになる。この状態で、上流の山地で崩壊が多くなり、川が運ぶ土砂の量が増えると、中下流では洪水の際に河道が埋まり、洪水が発生しやすくなる。その場合は、河道を人工的に少し掘り下げて、水が流れるようにしてきた。そして次の洪水に対処するため、堤防もかさ上げされた。こうしたことを繰り返していくと次第に河床が上昇し、ついには川の両側の地表よりも相当高くなる。天井川の誕生である。つまり、天井川ができるのは、河道が人工的に固定されることと、土砂供給量が多いことの二つの条件が必要である。現在、天井川は、全国に二一七本分布し、そのうち約半数が京都府と滋賀県に集中している。これは、天井川ができる二つの条件を満たす河川が多かったからだと考えられている。

しかしいったん天井川が氾濫すると、水は行き場が無いので長期間、低地に留まることになり、生活や農業生産に甚大な被害を与えた。しかし、天井川は災害ももたらすが、普段の天井川は用水路にもなるので農業水利の面では便利な存在であった。農業生産が優先された近世以前の社会では、天井川が起こす災害は受忍されるべきコストであったのかも知れない。

天井川以前——木津川河床遺跡の世界

古代から中世前期の畿内では、都城建設の際の木材需要を満たすため、数次にわたって山地の開発が行われた。それではこの時期の大河川ではどのような状況であったのだろうか？ その具体的事例を京都府八幡市御幸橋下流に広がる木津川河床遺跡に見ることができる。八幡市は、名前の由来どおり、石清水八幡宮の門前町である。石清水八幡宮は、京都の裏鬼門を守護するため、平安京の建設とほぼ同時期に大分県の宇佐神宮より勧請された。源義家が八幡太郎と名乗ったことからもわかるように、特に武門の神として武士の信仰を集めた。平安時代末期以降の石清水八幡宮は商業活動を厚く保護したため、多くの商人達が門前に集まり町屋（市街地）が形成された。

鎌倉時代になると八幡町屋はますます発展し、現在の木津川岸付近にまで拡がっていた。これらの町の跡は、長い間埋もれていたが、最近の木津川の河床低下によって地面が自然に掘られた結果、平安時代までの土層断面が河原に露出し、遺物が散乱する状態となった。これが、木津川河床遺跡である。この遺跡は、木津川中流域における沖積低地の代表的な遺跡であり、古代から中世にかけての八幡商人の活動とともに、天井川化が始まる以前の川沿い低地の状況を知ることができる。比較的大規模な町屋がまるまる埋まっていると考えられるので、貴重な遺跡である。

京都府によって実施された発掘調査によると、この遺跡では平安〜鎌倉期の住居跡が多数発見されている。[65] 遺跡の土層は、最下層に平安時代初期〜中期の遺物を含む湿地堆積物・埋土層が確認され、それを平安時代中後期の厚い砂層が覆っている。この砂層にはラミナと呼ばれる堆積時の水流を反映した砂粒の配列模様が見られ、数次にわたる洪水堆積物と考えられる。この堆積物の上に厚さ一〜二メートルの均質で締まったシルト層があり、陸化した地表の上に築造された盛土と考えられる。八幡町屋（市街）はこの盛土の上に形成されていた。[66] この盛土に含まれていた炭質物の年代を測ったところ、鎌倉時代の一二世紀〜一三世紀中葉（Cal AD 1120–1260）を示した。

このような堆積物の変化から、木津川本流では、平安時代中後期（一〇世紀〜一二世紀頃）に洪水が激化したことがわかる。すなわち、それまで概ね自然状態を維持してきた河川は、この頃には上流の開発の影響を受けるようになった。同じ時期（一〇世紀）の洪水堆積物は、支流の防賀川でも発見されている。しかし、鎌倉期に形成され、その上に展開された市街地（町屋）の基盤は、厚さ一〜二メートル程度の低い盛土である。このことは、この時期の洪水規模は本流といえども小さく、簡単な盛土をすれば、川のすぐそばで生活できたことを示唆している。しかし、中世後期になると、この盛土と八幡町屋は、厚い河床堆積物に覆われ、地中に埋もれることになった。この頃から大洪水が発生するようになり、小規模の盛土（嵩上げ）では追いつかなくなったと推定される。[67]こうした大洪水が多発化した原因の一つは、鎌倉時代までは限定的であった上流の山地開発が、一三世紀半ば以降に活発化・大規模化したため、土砂供給が飛躍的に増えたことだと考えられる。つまり、この頃から、川と人々の関係性を大きく変えるような環境変化が、流域全体で顕著となった。人為によって河床が継続的に上昇した時代、すなわち、天井川時代の始まりである。以後、江戸時代まで続く天井川時代を通じて、河床はますます高くなり、天井川地形はより顕著になっていく。

（65）京都府埋蔵文化財調査研究センター（2011）：木津川河床遺跡第二〇・二一次発掘調査報告、京都府遺跡調査報告集　第一四五冊
（66）八幡市教育委員会（2008）：木津川河床遺跡第一九次発掘調査報告書
（67）中塚良、私信

天井川の基底

天井川の形成時期は多くの人々の関心を集めてきた。千葉徳爾は『はげ山の文化』（一九七三）において、天井川が、近世農村における商品経済の発達↓農村周辺の開発とはげ山化（里山の成立）↓斜面崩壊の発生↓下流域での河床上昇というプロセスで形成されたことを様々な歴史資料に基づいて論証した。この説は現在では広く受け入れられており、大枠において疑問の余地は少ない。しかし、『はげ山の文化』の頃には利用できなかった考古学的な発掘資料、年代測定値等が蓄積されるにつれて、天井川の始まりについては、修正の余地が出てきた。

南山城、北河内の天井川

南山城と北河内地域は、わが国でも天井川が最も典型的に発達する地域の一つである。歴史学、地理学分野の研究によって、南山城の中心を貫流する木津川や北河内の天野川の河床上昇は、近世に入ってから顕著になるとされ、流域の天井川化の開始は、近世（江戸時代前期）からと考えられてきた。しかし、この地域で実際に得られた天井川基底の年代測定値は、以下のように通説とは異なっていた。

●天神川

木津川市（旧山城町）の天神川は、木津川右岸域の典型的な天井川である。傍らには、蟹の恩返し（今昔物語）の寺として知られる蟹満寺がある。蟹満寺での発掘調査結果を精査した中塚らは、寺で使用されていた井戸が一四世紀前半に埋没したことを明らかにし、天神川における天井川化の開始が一四世紀に遡りうる可能性を指摘した。[68] また、現在の河川の近くでボーリングを行い、採取した試料を詳細に分析したところ、ある深さを境に砂粒の種類が大きく変わることがわかった。すなわち、深さ二・五メートルぐらいを境に、浅い部分では木津川本流の上流域から運ばれた砂粒が減少し、花崗岩起源の砂粒（真砂）のみになる。天神川の上流の山地は花崗岩からなっているので、この砂粒の変化は、上流からの土砂供給が増大したことを意味する。現在の河床に流れる堆積物を見ると、天井川化した天神川は大部分が花崗岩起源の砂からなっていると考えられる。したがって、天井川としての天神川は、ボーリング地点では深さ二・五メートル付近から始まると推定される。そこで、この付近にあった有機質に富む土の年代を測定したところ、ほぼ一四世紀〜一五世紀初め（Cal AD 1290–1430）

（68）　中塚良・中島正・中嶋史恵（1994）：京都盆地南部・天神川沖積低地の微地形分析——遺跡立地からみた天井川地形の形成過程、日本地理学会一九九四年度春季学術大会予稿

であることがわかった。すなわち、天神川の河床上昇（天井川化）は、鎌倉末期から室町前期から始まったと推定される。

●防賀川

防賀川は、木津川左岸域を流れる支流で、典型的な天井川である。河床は場所にもよるが、周囲の地表から五、六メートルほど高くなっており、JR片町線が高架化された天井川の下をくぐっている。道路やライフラインなども天井川を越える必要があり、生活に支障が出ていた。そのため、傍らに新たな河道を掘り、古い天井川部分を削って平坦化する工事が進行している。この工事の際、一時的に出現した天井川の断ち割り断面を見る機会があり、天井川を作っている地層を詳細に観察することができた。断面の規模は幅約三〇メートル、高さ六メートルである。ここで見られる防賀川の天井川部分は、全体に締まりが悪い砂礫層からなるが、これらは上流に分布する大阪層群の砂礫層が洗い出されて運搬されてきた土砂と推定される。この砂礫層には、幅数センチメートル〜数十センチメートルの水平な縞模様が平行に発達していた。これは、相対的に礫が多い部分と少ない部分が、無数に積み重なっているためにできた模様である。砂礫が強い水流によって流されてきた時にできた模様なので、堆積構造とかラミナなどと呼ばれている。掘削断面を見ると、こうした自然の堆積構造は河道（水が通る部分）直下の天井川の中央部では明瞭に発達しているが、両端部の幅二、三メートルでは不明瞭

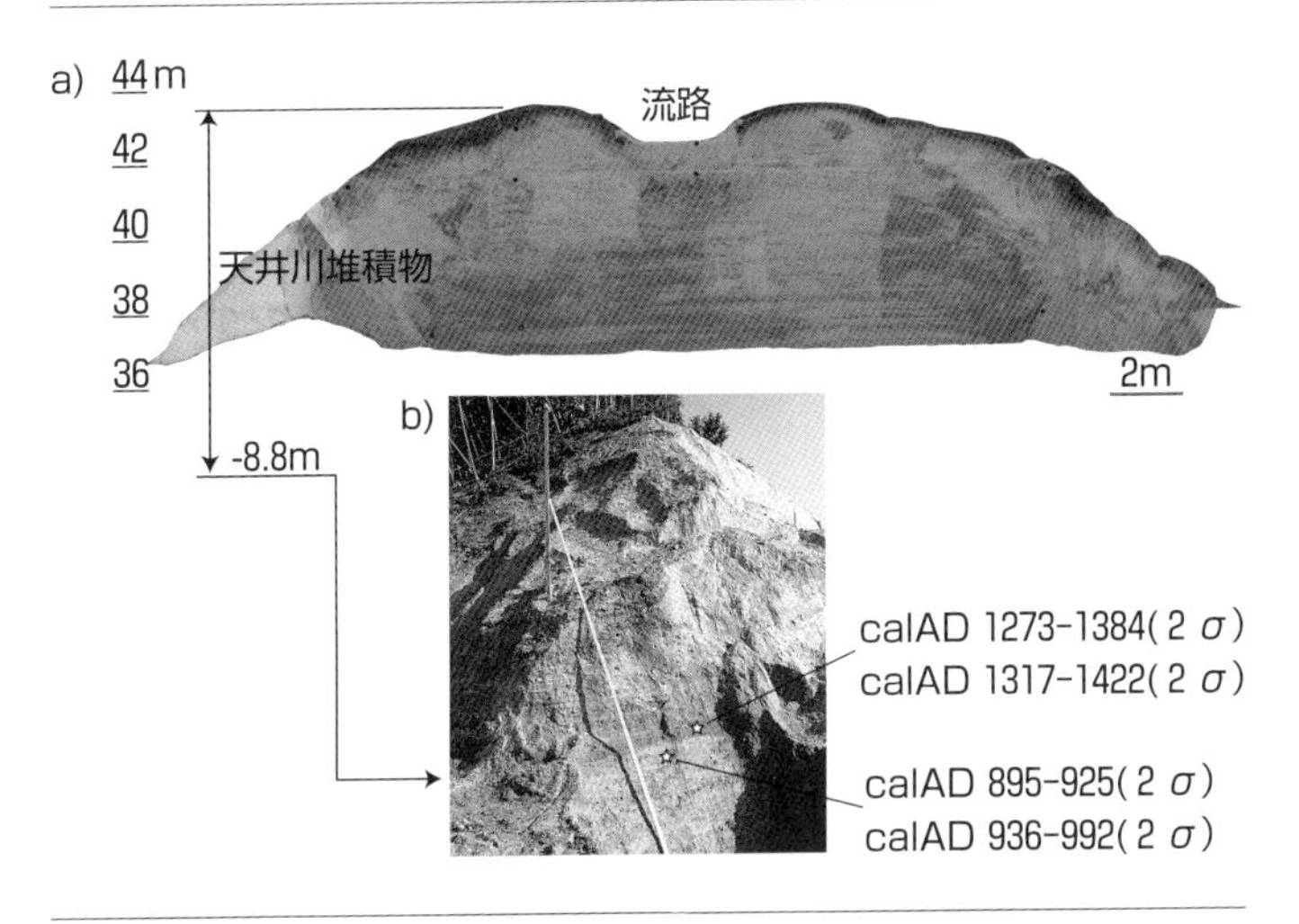

図21●典型的な天井川の断面
a）防賀川（京田辺市）の掘削断面
b）天井川天端から約9m下に見られた天井川堆積物の基底（13世紀終盤〜15世紀前半）。直下の堆積物は、平安時代の洪水堆積物（10世紀）。

になっていた。この不明瞭な部分は、わずかに泥を含み、高さ一メートル程度の小さな土手が積み重なったように見えることから、人工的に構築されたものと思われる（図21a）。

さらに掘削を続けていったところ、現地表よりもさらに二、三メートルほど下に行った所で、天井川構成層の砂礫が自然の河川堆積物を覆っていた。つまり、人々は、崩れやすい砂礫層を泥で補強しながら営々と土手を積み上げ、高さ九メートルに及ぶ天井川を構築していったことがわかる。それでは、天井川はいつから始まったのだろうか。その答えを得るため、天井川構成層の底部で採取した有機質土壌の年代を測ったところ、その年代値は、一三世紀終盤〜一五世紀前半（Cal AD 1273–1422）を示した（図21b）。すなわち、天井川化が開始される時期は、木津川本流を挟んでちょうど反対側に位置する天神川とほぼ同時期であり、鎌倉時代末期から室町時代前期の南北朝時代であると考えられる。さらに、それより約一〇センチメートル下位の河川堆積物にわずかに含まれている有機質土壌の年代を求めたところ、一〇世紀（Cal AD 936–992）の年代値が得られた。つまり、わずか厚さ一〇センチメートルの地層の間に大きな時間のギャップがあることになる。このことは、一四世紀頃に地層の堆積速度が大きく加速され、川の状況が一変した可能性を示唆する。天井川化はそうした現象の結果であると考えられる。

●天野川

天野川は、主に大阪府枚方市、交野市を流れる七夕伝説で有名な河川で、天神川、防賀川が流れる木津川流域とは、低い丘陵で隔てられているだけの、いわば隣の川である。やはり、中下流域で天井川化している。下流が天井川化した河川では、山地と沖積平野の境界部に滋賀県の方言で「磧（かわら）」と呼ばれる地形が発達することがある。「磧」は、本来の深い谷が上流から運ばれた土砂によって埋め立てられ、まるで「河原」のように地表に砂礫が散乱する平坦な場所である。自然にできた地形であるが、地表面が天井川の堤防に連続することから、両者は同時期に形成された地形として考えることができる。天野川の磧は、交野市私市付近に発達しており、川岸でその断面を観察することができる。

礫構成層は、天井川と同じく締まりの悪い砂礫層であるが、砂礫層（礫構成層）の下位には、多くの炭質物を含むシルト層が堆積している。このシルト層は、礫形成の直前、すなわち天野川の天井川化が始まる直前の河川堆積物と考えられるので、含まれている炭質物の年代を測れば、天井川の開始年代がわかる。炭質物の年代値は、一四世紀～一五世紀前半（Cal AD 1290–1420）であった。この年代値は、天野川の天井川化が、天神川、防賀川のケースとほぼ同時期であることを示している。

多羅尾盆地

南山城から奈良、三重に至る山地内部には、谷の埋積による小規模な盆地が点在する。多羅尾盆地はその中ではやや大きい盆地で、典型的な谷埋め地形が発達している。ここは、大戸川の最上流部にあたり、盆地を囲む尾根の反対側は木津川流域という位置にある。盆地の埋積過程に関する検討によると、この谷を埋積する最古期の土石流堆積物（基盤直上）の年代として、一四世紀～一五世紀前半（Cal AD 1298–1410）が得られた。[69] このことは、大戸川上流山地において、土砂生産が急速に増加する時期は、南山城の木津川支流群で天井川化が始まる時期と一致し、鎌倉時代末期から室町時代前期であることを示している。

周防国府周辺の開発と天井川

山口県防府市の〝防府〟とは、周防国の国府という意味である。文治二年（一一八六年）、源平の争乱中に焼かれた東大寺を再建するため、周防国は東大寺造営料国となった。造営料国とは、周防国の経営（ただし、国司管轄分のみ）を東大寺に任せて、資源（主に伐採した木材）や税を再建に使うという措置である。東大寺は、大勧進（再建ディレクター）の重源自身が下向するなど、真剣に周防国の経営に取り組んだ。その活動の拠点としたのが国府である。東大寺の再建は一三世紀初めにはほぼ完成するが、周防国は造営料国であり続けた。したがって、防府に残されている国府遺跡には、古代以来の都市構造がよく残っている。

地形上の視点から、国府の西の境は、大樋土手と呼ばれる小高い直線状の盛土であるとされてきた。しかし、一九六〇年代に行われた発掘調査の結果、大樋土手を構成する地層は、主に河川堆積物であり、土手の地形は天井川として考えるべきことが明らかにされた。[70] それでは、大樋土手はいつ形成されたのだろうか。堆積物に含まれていた土器などの遺物の検討結果では、堆積物の年代は鎌倉・室町期まで遡るとされている。したがって、天井川としての大樋土手の形成開始年代も、その頃に想定される。この年代は、畿内で判明した他の天井川の開始年代とほぼ一致する。

天井川の始まり

以上述べたように、木津川流域や天野川流域で天井川や礦地形の形成が始まる時期は、調査した場所ではほぼ共通して一四世紀～一五世紀前半であった（図22）。ほぼ同じ頃、周防国国府周辺でも天井川化（河床上昇）が始まった。すなわち、歴史が古く、したがって人口が多く開発が先行していた地域では、天井川化の開始時期は、南北朝期を挟む鎌倉時代末期～室町時代前期まで遡ると考えることができる。これまで、天井川化は江戸時代以降に始まると考えられてきたので、これらの事実は、天井川の形成史に大きな変更を迫るものである。

それでは一四世紀～一五世紀前半、上流の山地はどのような状況だったのだろうか。大戸川最上流部に見られた崩壊堆積物の年代や前章で見たような白川上流域の堆積物中に含まれる花粉の変化から、京都盆地周辺の山地では、一三世紀～一五世紀の三〇〇年間に、劇的に開発が進み、本来の森林植生

(69) 高橋優子（2008）：風化花崗岩地域の土砂生産履歴——滋賀県甲賀市多羅尾地区の例、京都大学大学院理学研究科地球惑星科学専攻修士論文

(70) 防府市教育委員会（1967）：周防の国衙

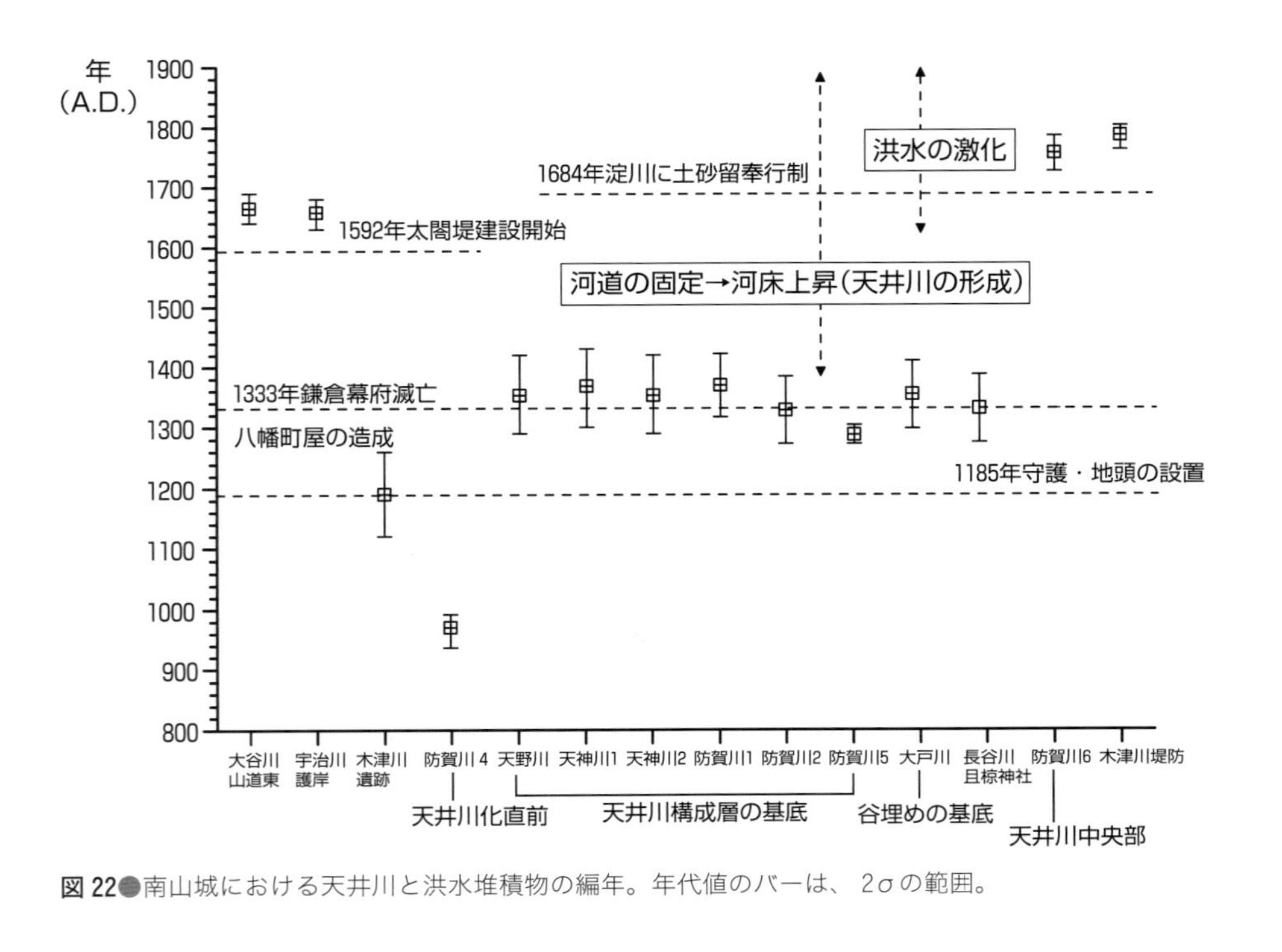

図 22●南山城における天井川と洪水堆積物の編年。年代値のバーは、2σの範囲。

が決定的に破壊されたと推定される。つまり、京都を中心とする近畿圏では、この頃（一四世紀〜一五世紀前半）から山地の環境破壊に起因して土砂生産が増加し、そのため下流では天井川の形成が始まったと考えられる。

中世社会と天井川

高まる開発圧力

現在は天井川化している木津川支流、天神川の上流には、一一世紀前半（平安時代末期）から東大寺別院として光明山寺が存在していた。ここは一時、二八宇とも一二〇余舎とも称され、多くの堂宇が集まる大規模な山岳寺院であった[71]。しかし、創建当時から、この寺と周辺の住民との間には、森林伐採をめぐる緊張関係が存在した。このことは、藤原頼通（九九二〜一〇七四年）が光明山寺付近の

（71）上田正昭編（1987）：山城町史（本文編）

郷の宿直人（官司に仕える人）に伽藍や近辺の山林を守らせ、樵による木の伐採を禁制するように指示していることからもうかがえる。

しかし、こうした指示にもかかわらず開発の圧力を押さえることができない。一一〇四年（長治元年）に寺が右大臣藤原忠実に訴えた記録では、「寺に至る坂道にはマツを植えていたが、毎年春になると野火のために焼けてしまい、火が堂宇にまで迫っている。」ということであった。火を放ったのはもちろん周辺住民である。そこで、一一一七年（永久五年）、ついに寺は関白家の御祈願所となり、寺領の領域内で樹木を伐採し狩猟を企てることが禁止された。その後の源平の争乱を生き延びた光明山寺は、多くの名僧を輩出し鎌倉時代に最盛期を迎えたが、南北朝期から急速に衰え、一五世紀末には歴史の舞台から姿を消した。下流の蟹満寺付近で天神川の河床が上昇を開始した時期とほぼ同時期である。

現在の蟹満寺は、天神川左岸に本堂と観音堂のみが佇むこぢんまりとした寺である。しかし、本尊が白鳳時代後期の釈迦如来像（国宝）という古い由緒の寺であり、創建当時の寺域は現在の天神川の両岸を含む、広大な地域に拡がっていた。したがって、現在の天神川は、高さ数メートルの天井川によって昔の蟹満寺境内を分断して流れていることになる。明らかに不自然であるので、周辺の住民によって意図的に寺の中を通るように、河道が固定されたのであろう。つまり、天井川化が始まる一四世紀〜一五世紀初めには、上流では森林伐採、下流では河道の固定による農地の拡大という具合に、実利を求める村民の総意が強くなり、旧来の宗教勢力を圧倒していったことがうかがえる。

中世を分かつもの

アニメ映画「もののけ姫」は、天井川時代初期（一四世紀〜一五世紀初め）の時代背景をよく映し出している。映画の最後で、「しし神の森」は、広大な草原（草山）に変わる。事実、草山は、この時期から江戸時代末期まで、里山の一般的な状況だった。当時の農村では、草は重要な資源であった。草は、耕作の動力源としての牛馬の飼料や水田肥料であったからである。したがって、草を生み出す村周辺の山は、共有財産として厳重に管理されたが、資源としての草は常に不足気味であったので、草山の利用を巡りしばしば村同士の争い（山論）が発生したことが記録されている。

資源争奪戦としての山論は、畿内では中世末期から多発した。例えば、一四二〇年（応永二七年）には伏見・木幡間で、一四三三年（永享五年）には伏見・炭山（宇治）間で柴刈り・草刈りをめぐって騒動が発生し、複数の死者を出している[72]。この背景には南北朝期を境にして進行しつつあった村落構造の大きな変化があった。すなわち、南北朝期ごろから農民は領主層によって規定された荘園の範

(72) 林屋辰三郎・藤岡謙二郎編（1974）：宇治市史　第二巻

囲を超え、生活の基盤である村落を基礎として行動するようになった。いわゆる惣村の成立である。そこでは、生産性の向上によって人口も上昇に転じる。[73] この時期はちょうど、南山城、摂津、南近江など京都に近い当時の先進地域で天井川化が開始された時期に一致する。すなわち、惣村単位で行われたミニ地域開発では、周辺の山地を草山に変えて資源供給地とするとともに、農地を安定させるために川の流路を固定した。このことは、とりもなおさず天井川の発達を促すことになった。

近世の天井川と周辺地域の洪水

浮世絵に描かれた天井川

一九世紀前半に描かれた安藤広重の浮世絵木曾街道六十九次のうち「草津追分」に描かれている草津川は、屋根の高さから判断して周辺の家々よりも相当高いところを流れている（図23上）。安藤広重が必ずしも現地に赴いて描いたわけではないが、この絵は上方（近畿）の河川は、天井川という認識が、当時既に一般的だったことを示している。[74]

図 23●浮世絵に描かれた天井川。安藤広重の木曾街道六十九次のうち「草津追分」（上）と現代の草津川下を通るトンネル（下）。

一四世紀～一五世紀初めから始まった山地の開発と下流での河床上昇は、その後も勢いを増していった。その結果、江戸時代に入る頃には、上流の山の多くが草山かはげ山に変わっていた。安藤広重が描いたように、下流の天井川には普段水が無く、歩いても渡れたが、豪雨の際には流況が一変した。草山化、はげ山化し、保水力を失った山地から、崩壊土砂を含んだ重い洪水が一気に流れ下るためである。その結果、天井川は頻繁に氾濫した。天井川が氾濫すると、行き場を失った水は長時間ひくことがない。人々はこうした氾濫水を「悪水」や「うち水」と言って怖れた。

食料増産時代の天井川

天井川の堤防がますます高くなっていった一七世紀は、わが国では未曾有の人口急増期でもある。一六〇〇年の時点でわが国の総人口は約一二〇〇万人であったが、一二〇年後の一七二一年には約三一二〇〇万人と約二・五倍に増加した。(75) それを可能にしたのは、食料の増産である。すなわち、河道を固定することによって村全体では耕作地が増える。さらに、水田より高い位置にある河道を水が流れるので、灌漑が容易である。上流の草山からは、家畜の飼料や肥料が供給された。したがって、悪水・うち水による被害はあったにしろ、トータルとして見れば、農業生産性は向上したのである。すなわち、洪水・土砂災害は、受忍しなければならないコストのようなものだった。農業を基盤とした社会では、天井川の発達は、悪い面もあれば、良い面もあったのである。

埋まる古墳

●代官の絵図

近世に入ると、上流部の開発の影響はより顕著になる。宇治の上林家は江戸時代には宮中や将軍家の御用を司った御物茶師・茶頭取（御茶壺道中の送り手）であった。同時に、江戸時代初期から幕府宇治郷代官として宇治周辺の村（と山林）の管理を担当した。上林家に伝わる「代官支配村々絵図」は、一七〜一八世紀頃の宇治周辺山地の状況を伝える重要な資料である[76]。この絵図は、現在の京都府城陽市久世付近を流れる大谷川の扇状地を中心とし、周辺山地の山林の状況を記載したものである（**図24a**）。そこに記載されている文字を読むと、周辺山地の大部分が「はけ山（はげ山）」か「くさ山

(73) 鬼頭宏（2007）：図説人口で見る日本史、PHP出版
(74) 池谷浩（2006）：「マツ」の話——防災から見た一つの日本史、五月書房
(75) 鬼頭宏（2000）：人口から読む日本の歴史、講談社学術文庫
(76) 城陽市史編さん委員会（2002）：城陽市史第一巻

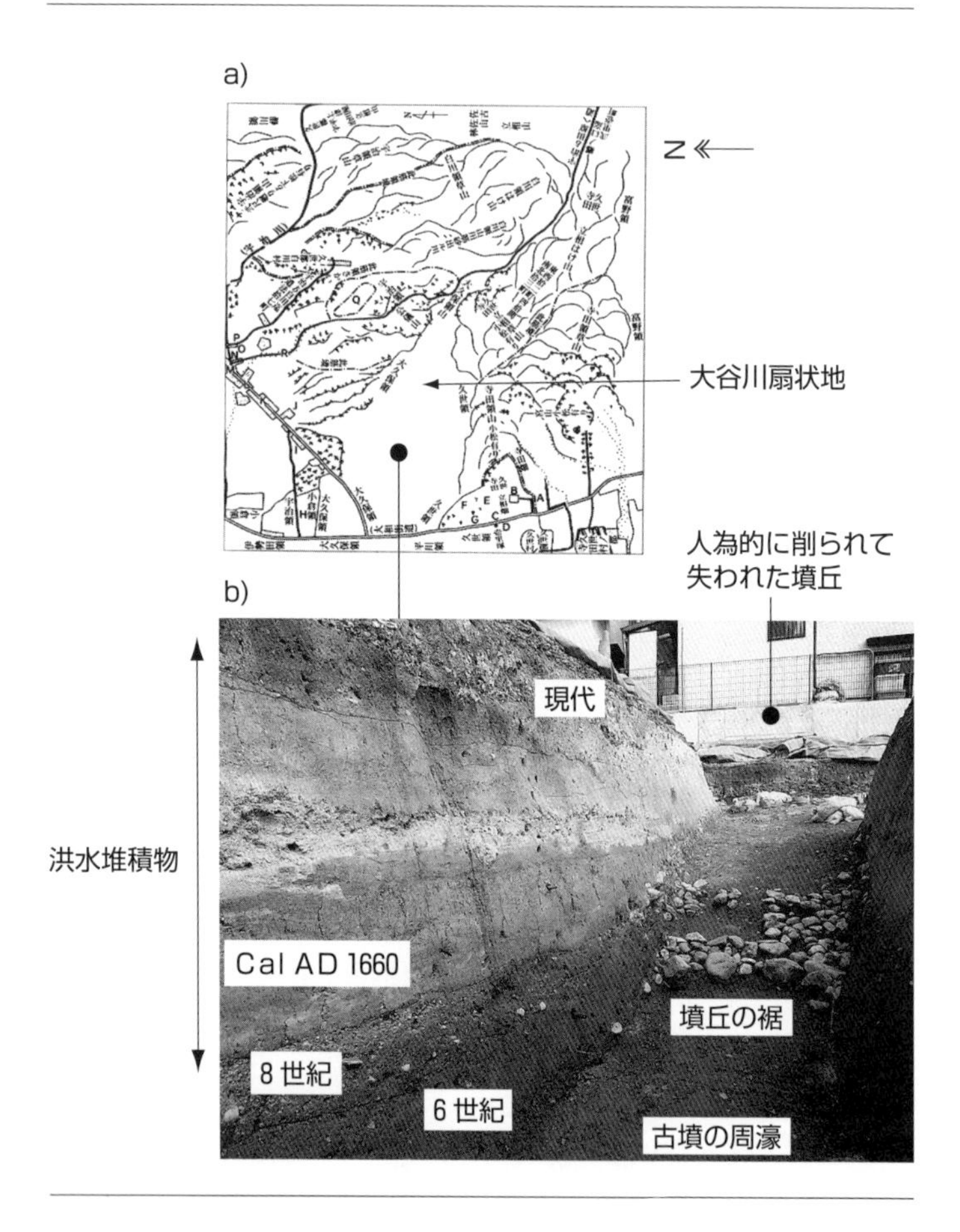

図 24●近世の扇状地における堆積環境

a) 上林代官支配村々絵図。中央の空白部分は、大谷川扇状地。周辺の山地には、「草山」や「はけ山」という記述が多く見られる。（絵図画像：城陽市史（城陽市教育委員会 2002））

b) 山道東遺跡（大谷川扇状地中央部）で見られた厚い近世の洪水堆積物（黄褐色砂礫層）。同様の堆積物は、山麓の扇状地の表層に広く分布する。

（草山）」であったことがわかる。すなわち、現在、森林に覆われている山地には、山に木が無かった。今とは全く異なる景観が広がっていたのである。こうした山に木が無いという状況は、宇治周辺だけでなく、当時の大都市周辺では一般的な景観であった。[77] 山に木が生えていなければ、わずかの雨で崩壊が多発する。山の谷筋に流れ込んだ大量の土砂は、結果的に絵図の中心の大谷川扇状地に流れ込んだ。その結果、大谷川は天井川化し、現在に至るまで、河床は高いままである。

大谷川扇状地は、南山城における政治と文化の中心地の一つで、古代以来の寺院跡（廃寺）や古墳が点在する地域である。現在ではこれらの多くが、厚い扇状地堆積物に覆われている。その一つが「代官支配村々絵図」で扇状地のほぼ中心に位置する山道東遺跡である。

●「洪水の時代」の地層

山道東遺跡は、城陽市大谷川扇状地に広がる久津川古墳群の一つで五世紀の円墳である。墳丘は住宅開発によって既に削り取られてしまっているが、周濠の部分では、六世紀〜九世紀の遺物包含層を厚さ数メートルの黄褐色砂礫層が覆っている。この地層は、遺物をほとんど含まないため年代が不明であったが、含まれていた植物遺体の年代を測定したところ、この地層の年代は、一七世紀後半と考

（77） 水本邦彦（2003）：草山の語る近世、日本史リブレット、山川出版社

えられることがわかった（図24b）。同様の黄褐色砂礫層は、山道東遺跡だけでなく、城陽市から宇治市では扇状地上に点在する多くの古代、中世の遺跡を覆っている。この黄褐色砂礫層には、クロスラミナの発達が顕著である。クロスラミナはラミナの中でも地層全体の堆積面から少し傾いているもののことで、その形態から当時の水流の向きを知ることができる。宇治市の広野廃寺遺跡では、最上部の黄褐色砂礫層にスプーン状の筋目が積み重なったようなクロスラミナ（トラフ型という）が発達していた。このことは、この砂礫層をもたらした水流は、一定方向の強い流れであり、おそらくは近くを流れる小河川からの洪水流であることを示唆している。すなわち、近世の山裾に広く堆積している黄褐色砂礫層は、こうした「洪水の時代」を象徴する地層であると言える。

埋まる太閤堤

●宇治川太閤堤

山麓の扇状地で古墳を土砂で埋めた洪水は、下流では宇治川に流れ込む。そのため、宇治川では一七世紀初頭には河床が上昇し、洪水が頻発するようになった。この時期の河床上昇の激しさは、二〇〇七年に発見された宇治川右岸の太閤堤遺跡に見ることができる。一五九一年（天正一九年）に関白を辞して太閤となった豊臣秀吉は、自らの隠居城として伏見城の建設に着手する。その構想の中には、宇治川の流路を北方の木幡山・宇治山の南麓に固定し、宇治川と淀川を利用した、伏見大阪間の河川交通路を整備する計画も含まれていた。京都盆地は南部ほど標高が低い。そのため、宇治川と木津川に挟まれた京都府久御山町付近では、巨椋池（おぐらいけ）と呼ばれる湖を中心として、広大な低湿地帯が形成されていた。秀吉の河川整備以前の宇治川は、巨椋池に直接流入していたため、池の内部にできた三角州の中を複雑に流路が絡み合い、本流が定まらない状態であった。したがって、宇治川を河川交通システムに組み込むためには、宇治川と巨椋池とは切り離して、流路を安定化させる必要がある。そのために、秀吉は大規模な堤防を数十キロにわたって整備した。この伏見城築城に伴って行われた大規模な治水土木工事を太閤堤と総称している。

●太閤堤の近世

太閤堤としては、以前から宇治川の左岸のものが有名であるが、二〇〇七年に偶然発見されるまで、右岸では知られていなかった。土砂に埋もれていたからである。宇治市教育委員会が実施した発掘調査（二〇〇七〜二〇〇九年）により、宇治橋の下流右岸側に長さ約二五〇メートルの堤防が確認された[78]。堤防は、高さ二〜三メートル、底面幅五〜六メートル、上端幅二メートルの規模で、現代の宇治川堤防に比べるとかなり低い。石を積み上げ表面に石張りを施したタイプと杭や板を用いて土を積ん

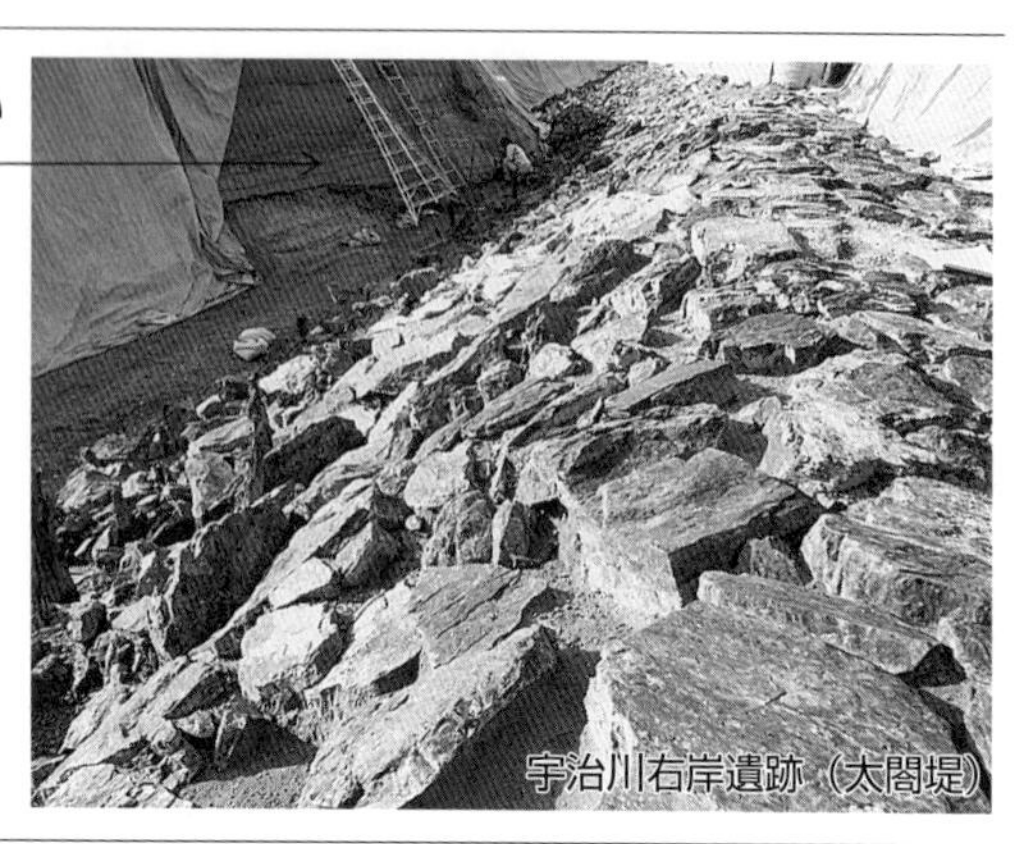

図25●宇治川右岸で発見された太閤堤遺構とそれを覆う厚い洪水堆積物

だタイプがあり、場所によって使い分けていたようである。所々に洪水流の力を弱めるため、水制（短い土手）が川に向かって突き出す構造になっていた。このように、一部の狭い範囲とはいえ、当時としては画期的な石張り石積み堤防が作られたのは、洪水による浸食に対抗するためである。しかし実際には、侵食を心配するよりも先に土砂のコントロールをどうするか考えた方が良かったと言える。なぜなら、この堤防は厚さ約一〇メートルもの洪水堆積物によって覆われたからである。

この太閤堤を覆う洪水堆積物は、大部分が強い水流で運ばれた砂であるが、一部に停滞水域の堆積物である泥炭層を挟んでいた。中塚らが、この泥炭層の年代を測定したところ、一七世紀後半（Cal AD 1630–1680）と一五世紀半ば〜一七世紀半ば（Cal AD 1450–1650）という結果が得られた（**図25**）[79]。前者は山道東遺跡における洪水堆積物の同様の年代である。太閤堤の施工担当者は、前田利家であった。利家の家臣だった村井重頼が遺した備忘録、「村井重頼覚書」によれば、太閤堤の築造は、一五九四年(文禄三年)に開始されている。完成まで数年とすれば、この堤防は築造後一〇〇年足らずで実質的に機能を失ったことになる。すなわち、一七世紀前半、既に宇治川周辺の山地における土砂生産は相当増加した状態にあり、下流では洪水が頻発していた。その中で強行された本流河道の固定は、急速な河床の上昇を招き、洪水をさらに激化させる悪循環に陥ったと考えられる。

洪水は止まらない

宇治川に見られたような近世初期の激しい河床上昇と洪水の頻発は、木津川においても同様であった。南山城の木津川流域は、一五九〇年(天正一八年)、一七一二年(正徳二年)、一八〇二年(享和二年)に大規模な洪水に見舞われた。その間も数年おきに中小規模の洪水が発生するという忙しさである[80]。城陽市の西部には、この時期に氾濫した砂礫が低地に勢いよく流れ込み帯状の微高地を残した。

(78) 宇治市(2012):国指定史跡「宇治川太閤堤跡」
(79) 中塚良・釜井俊孝(2011):長岡宮都図譜——都の自然景観と防災の考古学
(80) 前掲「城陽市史」

きくなっていく。一方、水量が減少する時期には氾濫原への浮遊砂の供給が無くなるため、堆積は流速のピーク付近までで終了する。

このように、1回の洪水では下部の泥層と上部の砂層で構成される1セットができる。洪水が繰り返されると複数のセットが重なり、砂泥互層が形成される。例えば、宇治川右岸の太閤堤を覆っていたのは、こうした堆積物である（本文、第5章）。また、南山城の小河川の扇状地周辺に分布する遺跡群でも同様の洪水堆積物が確認されている。例えば、宇治市広野廃寺遺跡や城陽市山道東遺跡に分布する17世紀の洪水堆積物（大谷川扇状地、本文、第5章）、城陽市且椋（アサクラ）神社境内の遺跡（長谷川扇状地）で発見された14世紀の洪水堆積物には、典型的な逆グレーディング構造が見られた。

城陽市且椋（あさくら）神社の境内（長谷川扇状地）を覆う13世紀〜14世紀の洪水堆積物

---

(81)　増田富士雄・伊勢屋ふじこ（1985）：“逆グレーディング構造”：自然堤防帯における氾濫原洪水堆積物の示相堆積構造、堆積学研究会報、22・23

基礎知識5◆洪水・堆積物

洪水の定義は分野によって様々であるが、河川工学の分野では豪雨などにより通常よりも河川が増水し、水位が上昇する現象を指す。実際には、異常な増水は**破堤**を引き起こし、氾濫によって川沿いの陸地が水没する事態が発生する。後者が、災害としての洪水である。洪水によって運ばれてきた土砂が積もってできた低平地を「**氾濫原**」と呼んでいる。天然の川は、蛇行しつつしばしば流路を変えるので、長い年月の間には広い氾濫原が形成される。氾濫の際、流路の近くに粒径の大きい砂や礫が堆積し、わずかな高まりを形成する。氾濫が何度も起きると、高まりは川に沿ってつながり、堤防のようになるので、この地形を「**自然堤防**」と呼ぶ。一方、川から遠く離れた地域には、粒径の細かい泥は広がって堆積する。こうした泥が堆積する場所は、相対的に低く湿地になりやすいので「**後背湿地**」と呼ばれる。

洪水によって運ばれてきた土砂を水と一緒にコップに入れしばらく経つと、粒径の粗いものが下に、細かいものが上部に堆積する。これは、堆積構造の一種で、「**グレーディング**」と呼ばれている。しかし、実際の洪水堆積物の断面を見ると、これとは逆に最下部の泥から始まり、上部ほど粗い粒径の砂が堆積する「**逆グレーディング構造**」が見られることが多い。増田富士雄らは、こうした逆グレーディング構造は、自然堤防が発達する中流域における洪水堆積物の特徴であるとした[81]。そして、その形成過程を次のように説明している。まず、氾濫の初期、あふれた洪水の流速が未だ緩やかな段階で、氾濫原に停滞水域が出現し、洪水流に含まれている「濁り」が泥として堆積する。その後、増水し流速が増加するとともに「濁り」が減少し、代わりに砂が運ばれて堆積する。流速が大きいほど大きな粒子を運搬できるので、砂の粒径は流速のピークに向かって次第に大これを「荒州」と呼んでいる。[82] 荒州は水はけが良く水田に適さないので、畑や果樹園などに利用されており、土地利用上の違いがある。特に、江戸時代から生産されている「寺田芋（サツマイモ）」は地域の特産品となっている。

しかし、豊臣政権から交代した徳川政権（幕府）もこうした事態を看過できず、木津川でも一六三三年（寛永一〇年）から幕府による本格的な堤防が構築されるようになった。その具体的な姿はこれまで不明であったが、木津川市下ノ浜樋門改築（平成二〇〜二四年）の際、木津川本流堤が開削され、現代の堤防の下に埋もれていた過去の堤防群が姿を現した。開削断面では、時代とともに堤防が次第に高くなっていく様子が観察された。これらのうち、最古期の木津川本流堤防盛土の年代として、一八世紀頃（Cal AD 1710–1750）という結果が得られた。この地点の堤防の変遷が、木津川堤防全体の歴史を代表するとの保証は無いが、文献による記録と約一〇〇年も食い違っており、この時代の堤防構築の遅さ、不徹底ぶりがうかがえる。

また、最古期（一八世紀）の堤防の比高は、当時の河川敷から約二メートル弱と低かった。堤防の規模という点では宇治川の太閤堤と大差は無かったと思われる。これらのことは、近世における木津川の洪水対策は、堤防に代表される河川構造物にあまり依存していなかった、もしくはできなかったことを物語っている。その結果として、江戸時代を通じて洪水災害を防ぐことはできなかったのであるが、そうした洪水が頻発する根本的な原因は、各支流源流部の乱開発と下流の天井川化である。そのことをよく認識していた幕府は、諸国山川掟や土砂留制度を定め、山林の保護に乗り出している。

土砂留制度

土砂留は、木の根を掘取ることを禁止し、裸地には植林をすること、土砂の流出を防止するための土堰堤の設置を幕府領私領問わず命じる制度であり、一六六〇年（万治三年）には山城、大和、伊勢に、一六八四年（貞享元年）には山城、大和、摂津、河内、近江一円に伝達されている。実行は住民が担ったが、この地域に所領を持つ各藩に対しても管轄区域を定め、山林を巡回し実行を管理することが求められた。幕府領の管理と各藩領の土砂留の調整のため、京都町奉行所には土砂留奉行がおかれた。今でも、土堰堤の遺構が、城陽市の郊外に残っている[83]。

しかし、こうした土砂留制度の効果は十分とは言いがたかった。幕府の努力にもかかわらず、依然として天井川化は激しくなり、洪水が頻発したからである。その背景としては、土砂留の対象となった地域住民にとって、作業の負担が重かったこと、さらには、草山から日々の生活の糧を得ていた彼

（82）植村ほか（2007）：木津川・宇治川低地の地形と過去四〇〇年間の水害史、京都歴史災害研究、七

（83）城陽市史編さん委員会（2002）：城陽市自然環境図、城陽市史第一巻付図

らが、本音では山林伐採の禁止や植林を望んでいなかったことなどが考えられる。当面の経済活動を優先するのか、あるいはそれを多少犠牲にしても将来の災害へ備えるかというジレンマは、後述のように現代の都市においても、われわれが直面している課題である。

近代化の中の天井川

天井川トンネル

陸上交通網の整備は、富国強兵・殖産興業を掲げる明治政府にとって、避けて通れない重要課題であった。鉄道や近代的な道路のルートはできるだけ平坦であることが必要である。したがって、維新後の時代において、天井川は邪魔な存在でしかなかった。考えてみれば、近世以前の日本で馬車が発達しなかったのは、天井川が障害の一つだったのかも知れない。実際、維新後には天井川の下を通過する多くのトンネルが作られた。最初に作られた鉄道トンネルは、六甲山麓の天井川である石屋川の下を通るトンネルである。安藤広重の浮世絵「草津追分」で描かれた旧草津川の下にも、現在では国道一号線やJR東海道線のトンネルが作られている（図23下）。

近代砂防事業の始まり

明治政府は天井川問題の根本的解決にも乗り出した。江戸時代以来の砂防事業を近代的な形に改め、より効果を高める試みである。近代砂防は、オランダからのお雇い外国人、ヨハネス・デ・レーケの来日で始まった。彼は、一八七三年（明治六年）から一九〇三年（明治三六年）までの三〇年間、短期間の帰国の他は日本に滞在して、数々の業績を上げた。富山県常願寺川での仕事を始める際、「これは川ではない。滝だ。」と言ったと伝えられているが、これを直接裏付ける資料は無い。ただ、当時の富山県知事が内務大臣宛に提出した上申書には、「川といわんよりは寧ろ瀑と称するを充当すべし」とあるので、あるいは言っていたかも知れない。

いずれにしても、デ・レーケは日本の川を見て驚いたはずである。オランダの川はあくまでゆったりと流れ、山が無いので砂防工事の必要性はほとんど無いからである。しかし、そのオランダから来日したデ・レーケが、なぜ、わが国で「砂防の父」となったのだろうか。当初彼は、大阪港築港のために招かれた技師団の一人だった。当時の大阪港は、水深が浅く大型船の着岸ができないという問題に悩まされていた。浚渫してもすぐに埋まってしまうからである。そうした大阪港の土砂堆積が急である原因は、淀川流域の土砂生産量が大きいことにある。そこでデ・レーケは、来日の翌年七月、淀川上流域の調査を開始した。彼は、淀川から木津川に入り、その支流の不動川を遡った。不動川は南山城を代表する天井川である。上流部に拡がるはげ山が木津川と支流群の天井川化、そして大阪港機能不全の原因であることを突き止めたデ・レーケは、同年一〇月には上流の砂防工事の必要性を強調した意見書を政府に提出した。そして、翌、明治八年三月から六月にかけて、不動川で自ら考案した砂防工事のパイロット研究を行い、有効性を確かめると同時に日本人技術者の育成に努めた。その具体的な内容は、石積みの堰堤・流路の建設と山留・植林であった。これ以後植林は国民運動となり、昭和初期までに森林はかなり回復したが、大東亜戦争中に再び伐採が進み、植林の必要性が高まった。文部省唱歌「お山の杉の子」(昭和一九年)[84]はそうした状況を歌ったものである。

鉱毒と天井川

利根川の支流、渡良瀬川は中流の栃木県足利市付近で河床が上昇し、天井川化している。関東平野では珍しいケースである。この現象には、上流に位置する足尾銅山の歴史が関係している。足尾銅山は一六世紀半ばに発見と伝えられているが、江戸初期に幕府直轄の鉱山として本格的に採掘が開始された。江戸時代中期には産出量も多く、わが国の代表的な銅山の一つとなった。一七四一年(寛保元年）には、ここで産出される銅を原料として銭形平次で有名な寛永通宝（一文銭）が作られた。この寛永通宝の裏側には「足」という文字が付けられており古銭収集家の間では「足字銭」と呼ばれている。幕末に至ると鉱脈が枯渇し閉山状態となったが、明治一〇年に古河市兵衛が買収し近代的な鉱山経営が始まった。数年後には、相次ぐ大鉱脈の発見という幸運にも助けられ、銅の生産量は飛躍的に増加する。二〇世紀初頭には、わが国の銅産出量の約四〇%を占めた。まさに近代化を支えた鉱山であり、足尾銅山の発展を基礎として築かれた古河財閥は、戦前の一五大財閥の一つに数えられるほどになった。

しかし、近代化による銅産出量の急増は、深刻な環境汚染をもたらした。足尾銅山の環境汚染問題としては、渡良瀬川下流域で発生した足尾鉱毒事件が有名である。これは、銅山から流出した土砂に銅、鉛、亜鉛の化合物が多く含まれていたことが原因であった。わが国最初の公害問題である。一方、銅山周辺の環境汚染も激しかった。その原因は、精錬所から空気中に排出されたガスにあった。足尾銅山の銅鉱石は、主に黄銅鉱であり、その化学式は$CuFeS_2$である。精錬とは硫黄と化学的に結びついている銅を取り出す過程に他ならない。その結果、金属から分離された硫黄と酸素が結びついて、二

（84）　小学生唱歌。「昔　昔　その昔、椎の木林のすぐ側に小さなお山があったとさ、丸々坊主のはげ山はいつでも皆の笑いもの……」。

酸化硫黄SO_2が大量に生み出された。二酸化硫黄は、別名亜硫酸ガスと呼ばれ、大気汚染の原因物質である。例えば、戦後の四大公害の一つである四日市喘息は、この亜硫酸ガスによって引き起こされた。また、亜硫酸ガスと二酸化窒素NO_2が共存する環境、つまり汚れた大気中を通過する雨粒の中では硫酸H_2SO_4が生成される。それらは、酸性雨となって銅山の周りの山々に降りそいだ。その結果、銅山精錬所周辺の山林の植生は徹底的に破壊された。そのため、川に流れ込む土砂量が急増し、渡良瀬川が関東平野に出る足利市周辺で天井川化が起きたのである。この部分は一九四七年のカスリーン台風時には深刻な洪水災害の原因となった。栃木県足利市の死者行方不明者は三一九人にのぼり、カスリーン台風災害では最大の人的被害となった。

銅山は一九七〇年代末に閉山しているが植生は現在でも回復していない。また、二〇一一年に発生した東日本大震災の影響で渡良瀬川下流から基準値を超える鉛が検出されるなど、二一世紀となった現在でも影響が残っている。

茶畑が作った天井川

明治時代になって始まった近代的な砂防工事によって、多くの河川では天井川化（河床上昇）が収まっていった。しかし、例外的に明治時代以降に天井川化した事例も見られる。その一例を、静岡県立榛原高校の生徒達が明らかにしている。[85] 彼らは、丹念な踏査によって地形の高低を調べるとともに、土地の古老からの聞き取りをもとに天井川化の過程を調べた。その結果、静岡県牧ノ原市（旧相良町）では、明治時代に入ってから河床が大幅に上昇し、海岸線付近の河川が天井川化したことがわかった。これらの河川の上流部は牧ノ原台地である。牧ノ原台地は幕末には灌木が生い茂る原野であったが、明治時代になって一面の茶畑に変わった。転封された徳川家に従って静岡に移り住んだ多くの旧旗本・御家人や、橋の建設によって失業した大井川の川越え人足などに職を与えるためである。お茶は、明治時代初期には農業国に過ぎなかった、わが国の主要な外貨収入源であり、牧ノ原台地では集約的な茶畑開発が行われた。その過程で、雑木で覆われていた台地は丸裸にされ、台地を刻む河川の源頭部で崩壊が多く発生し、浸食が急速に進んだ。牧ノ原台地は砂礫層で作られている。[86] 崩壊した砂礫が大量に川に流れ込んだため、下流の相良町では台地縁辺から駿河湾に至るわずか数キロメートルの短い区間で数本の河川が天井川化したと考えられる。

既に述べたように、多くの天井川は、中世に起源を持つ。しかし、文明開化という大きな時代の変わり目でも、こうして新しい天井川化が起きた。これらの、いわば「遅れてきた天井川」は、近代化

（85） 静岡県立榛原高校28HR研究グループ（2004）：相良町片浜地区の天井川の形成について

（86） 槇山次郎（1961）：掛川地域地方地質図、地質調査所

による社会・経済構造変化の激しさを具体的に物語る遺跡でもある。

現代の天井川

戦中の森林荒廃と戦後の復興

第二次世界大戦中は、山林資源の開発が進められたため、山地は再び荒廃した。このため、戦後、豪雨によってしばしば土砂災害が発生した。被害は天井川化した部分で激しく、人々と天井川の関係は再び明治時代以前の状態に逆戻りしたかのようだった。例えば、一九五三年の南山城水害では、木津川中・上流の山地では、多くの崩壊・土石流が発生した。これらの土砂は多くが天井川化していた木津川支流に流れ込み、決壊。激しい水害を引き起こした。[87] この時、天神川や不動川も決壊している。公式記録によれば、この災害による死者・行方不明者は三三六名、重傷者は一三三六名、被災家屋は五六七六戸に上った。

戦後、山地ではスギやヒノキを中心とする植林が積極的に進められた。既存の広葉樹林を伐採して人工林に変換する「拡大造林」はその象徴である。この過程で、経済成長に伴う莫大な資金が、造林や砂防事業に投じられた。その結果、現在では過去四〇〇年間で最も森林面積が拡大しており、戦後すぐの時期に頻発したようなすさまじい土砂流出は起きにくくなった。この点では、豊かな山を取り戻したかに見える。[88] しかし、針葉樹の根は浅いため、豪雨の度に相当数の崩壊と土石流が発生しているのも事実である。しかも、森の手入れが行き届かないために、大量の流木が発生し、下流の被害を拡大させている。確かに、天井川化は起きにくくなったが、森では新たな問題が発生していると言える。

極端気象の時代

一九六〇年代から始まった高度経済成長とともに、多くの本流河川では建設用の川砂利の採取、上流のダム建設などによって河床が低下した。また、先述のように戦後の植林によって現代では「はげ山」はほとんど見られなくなった。そのため、支流では洪水の通路としての天井川を維持するモチベーションが低下した。同時に、都市化の進行によって、天井川が都市域に取り込まれた地域では、草

(87) 前掲「山城町史」
(88) 太田猛彦 (2012)：森林飽和、NHKブックス

図26●現代に引き続く天井川の災害リスク。2012年8月の宇治豪雨災害おける弥陀次郎川の決壊。

津川（南近江）のように廃川（流路の付け替え）によって、そもそも川でなくなってしまった例もある。こうした廃川では、天井川が削られて平坦化され、住宅地、公園、墓地等に転用された例も見られる。ここでの天井川は、歴史の一部として人々の記憶の中にのみ留まる存在に変わろうとしているかのようである。

しかし一方、河川整備が進まず、捨て置かれたまま、周囲の都市化だけが進んだ天井川も多い。こうした天井川では、近年の極端な気象条件のもと、以前よりも災害のリスクは増加している。実際、二〇一二年八月の豪雨では、宇治市五ヶ庄で弥陀次郎川が決壊し、住宅約四〇〇戸以上が浸水した（**図26**）。弥陀次郎川は、急速に宅地化された旧農村地帯を流れる典型的な天井川である。天井川の防災上の重要性は、現代においても失われてはいない。

Column 6

東南アジアの洪水と森林伐採

中世の日本で起きていたことが、今、東南アジアでも起きている。二〇一一年のタイの洪水は、その典型である。この洪水の直接的な原因は、六月から九月にかけて続いた記録的な大雨である。台風がいくつも勢力を温存した状態でインドシナ半島へ上陸して猛威を振るった。この期間のタイ国内の雨量は平年より三~四割多く、一〇月に入っても雨は降り続いた。こうした異常気象は「五〇年に一度」のレベルとも言われている。その結果、タイだけでなく東南アジア全域で雨量が多く、近隣のカンボジア・ラオス・ベトナムでも洪水被害が出た。

しかし、近年、深刻化してきたタイの洪水は、単に「異常気象のせい」だけでは片付けられない面もある。タイを含むインドシナ各国では、経済成長が進むなか、急激な森林破壊や農村から都市への人口移動、インフラ開発が行われている。これらが、大規模な洪水の素因となった可能性が高いのである。特に、タイでは森林破壊の影響が深刻である。かつてタイは熱帯林に覆われていた。しかし、一九世紀に入り、近代ヨーロッパとの交流が深まると、チーク材の乱伐が行われるようになり、森林が荒廃した。そのためラーマ五世は、一八九六年に王室森林局を設立して森林を守る組織を作った。映画「王様と私」では皇太子だった王である。しかし、一九五〇年代半ばから、外貨獲得のための商業伐採や、農業(水田造成や焼畑）のための森林開発が急速に進行し、タイの森林面積は一九九〇年の時点で全国土面積の二五％までに減少した。現在はさらに減少している可能性が高い。わが国の割合は、約六八％であることを考えると、タイの現状がいかに危機的であるかがわかる。

山に木が無くなれば、当然、雨水の河川への流出は早くなり、下流では洪水が発生する。中世から近世のわが国で起きていた事態と同じである。しかし、わが国と異なるのは、洪水が続く時間である。平野部におけるチャオプラヤ川の勾配は、約四〇〇分の一と小さく、水がゆっくりと流れるので、洪水は緩やかに発生し、終わるのが遅い。つまり、洪水（高水位）にさらされている時間が非常に長い。その結果、工場の生産が長期間停まり、ハードディスクなどのサプライチェーンが多大な影響を受けた。グローバル化した経済では、被災の範囲もまたグローバル化しているのである。

第6章 埋もれた近世都市

埋もれた大阪

近世になると、大阪、名古屋、江戸など、わが国の大都市の多くでは、武家地、町人地、寺社地に区分された都市が形成され、現代につながる発展の基礎が整備された。中世までの城郭や大寺院等の都市遺構は、新しい市街地の下に埋められていった。近年は、そうした埋もれた中世都市や戦国期城下町に関する研究も盛んに行われている。

中でも、大阪は、中世から近世にかけてめまぐるしく支配者が交替し、そのたびに大規模な都市改造が行われてきた場所である。都市機能も本願寺の寺内町（宗教都市）、豊臣期の政治都市、徳川期以降の商都へと変貌を遂げた。したがって、現在の大阪都市域の地下には多くの遺構が埋まっており、中には地盤災害の原因となりうるものもある。

大阪の成り立ち

大阪の地形で最も特徴的なものは、町なかを背骨のように南北に細長く貫く台地の存在である。上町台地と呼ばれるこの台地の西縁には、南北に約四〇キロメートルにわたって続く、上町断層と呼ばれる活断層が存在し、これを境に東側が隆起する地殻変動が続いている。一方、台地より東側の河内平野は、大和川や平野川などの河川が発達する沖積平野であり、結果的に断層に近い部分だけが上町台地として細長い高まりとなったと考えられる。上町台地の土台部分は近畿地方に広く分布する大阪層群からなっているが、表層の数メートルは上町層という地層で覆われている。上町層は、一二万五〇〇〇年の下末吉海進の時、大阪平野深く、生駒山地の麓まで侵入した海に堆積した地層である。[89] 上町台地の地表が平坦なのは、この時の海底がほぼ平坦だったからだと考えられる。

上町台地の西縁斜面は、東縁斜面に比べてかなり急勾配である。高低差自体は上町断層の活動の結果だが、実際の上町断層は斜面の裾よりも少し西側に位置する。したがって、この急崖は断層面そのものではなく、海水面が現在よりも高い時代に波で浸食されてできた海食崖と考えられている。今から約六〇〇〇年前の地球は、氷河期後の急速な温暖化に伴う海面上昇期であった。現在の海面よりも二〜三メートルは高かったと考えられている。この海面上昇は、汎世界的に知られており、わが国では、ちょうど縄文時代中期に当たるので縄文海進と呼ばれている。気候は今よりも温暖、湿潤で、縄文文化が発展する基盤となった。大阪の場合、縄文の海は現在の海岸線よりも相当内陸まで侵入し、上町台地はそうした海に突き出た半島であったはずである。

約六〇〇〇年前をピークにして、縄文の海は次第に退いていった。海が去った後には、広い砂浜が形成された。上町台地の北端から鳥の嘴状に突き出た部分を天満砂堆、台地の西側の部分を難波砂堆と呼んでいる。その東西の幅は五〇〇メートル〜二キロメートルと変化するが、海沿いの微高地で排水が良く、高潮や洪水の被害は少なかった。そのため、天満、船場、島之内といった江戸時代の市街地は、この砂堆の上に分布している。

埋もれた谷筋

氷河期に海面が低下すると、河川のレベルもそれに向かって低下するので、海岸近くでは川による

(89) 市原実ほか編(1991):大阪とその周辺地域の第四紀地質図、アーバンクボタ三〇号

浸食で谷が掘られ、深い谷が発達する。上町台地でもそうした氷河期にできた谷が存在するはずである。しかし、上町台地は、その先端が淀川に突き出ているため、古くから交通の要衝であり、要害の地として難波宮、本願寺、大阪城が建設されてきた。現在は、さらにその上に大阪の都心が展開しているので、本来の地形はほとんど隠されてしまっていて、一見しただけでは谷があったかどうかよくわからない。しかし、大阪文化財協会の寺井誠らは、最近の高精度な標高データと多くの発掘結果を総合し、氷河期の谷の分布を推定している[90]。それによると、四天王寺より北の地域では、谷は主に北端部と台地東縁部でよく発達しており、特に、難波宮、大阪城周辺では、何本もの深い谷が台地中央部まで入り込んでいた。

旧大阪府警本部跡地での発掘調査では、二〇〇三年に大阪城三の丸堀が発見された[91]。その際実施した表面波探査でも、堀跡と並んでほぼ南北に走る谷筋が検出されている。この谷筋は、本町通りと松屋町筋の交差点付近から東北東に延びる谷の最上流部に相当すると考えられる。幅は少なくとも一五メートル以上、深さは現在の地表から約一〇メートルである。この谷筋を埋めている堆積物の平均的なS波速度は、約一五〇メートル／秒であり、四〇〇年前に埋められた大阪城の堀跡と大差ない数値であった。S波速度は堅さの指標であるので、かなり軟らかい堆積物で埋められていると言える。他の谷筋も同様の堆積物で埋められているとすれば、上町台地の縁辺部には軟弱な谷埋め堆積物が多く分布していることになる。このことは、都市の隠れた災害リスクとして重要である。例えば、地震時を想定して、谷埋め部分とその周辺とで揺れ方を比較した場合、谷埋め部分では相当大きな揺れになると推定される。また、阪神大震災時に阪神間で多く見られたような谷埋め盛土の地すべりが起きるかも知れない。しかし現在、谷埋め部分の多くは市街地に埋もれているので、こうした「埋もれた都」のリスクに気付くことは難しい。防災学と歴史・考古学の連携を一層深める必要がある。

埋もれた崖

上町台地西縁の海食崖地形は、遺跡が多く分布する上町台地の北部では不明瞭になっているが、生国魂神社から南では、本来の崖地形がよく保存されている。このうち、四天王寺付近までの急崖部には、古くから低地と台地を結び、東西に通行するための坂道が作られてきた。これらは天王寺七坂と呼ばれ、これらの坂を上り下りすると、大阪も坂の町であることを実感できる。これらの坂の界隈には、芭蕉最後の句会が開かれ与謝蕪村も訪れた料亭「浮瀬（うかむせ）」や新古今和歌集の選者の一人である歌人

(90) 寺井誠（2004）：難波宮成立期における土地開発、難波宮址の研究12、大阪市文化財協会

(91) 大阪府文化財センター（2003）：大坂城跡の調査、大阪府警本部棟新築工事に伴う大坂城跡発掘調査現地説明会資料

藤原家隆の庵跡、織田作之助の文学碑などが点在し、風光明媚な市中の閑居の地として、上方文化の中心地の一つであった。

こうした上町台地西縁の崖下や崖の途中には、有栖の清水、金龍の水、安居の清水、増井などの名のある湧水が分布し、台地西縁部はもともと地下水の豊富な場所であった。天王寺区伶人町の新清水寺では、この地下水が滝水となって流れ落ち、信仰の対象になっている。また、増井は水量の豊富な湧水として有名であり、酒水としても使われた。大阪では、海岸に近い井戸の水質は悪かったので、これらの湧水は貴重な飲み水を提供していた。江戸時代にはこの湧水を原料にした水売りの商売があったほどである。

こうした豊富な地下水の存在は、台地西縁の急斜面において様々な安定上の問題を引き起こしてきたと考えられる。例えば、大阪文化財協会の趙哲済らは高精度の標高データを用いた解析から、西縁部に多くの地すべり地形や斜面変形の痕跡が認められるとしている[92]。現在、地下鉄谷町線の開通によって、これらの湧水の多くは枯れてしまった。斜面の変動地形の多くも都市構造の下に隠されてわかりにくくなっている。しかし、かつて有栖の清水、金龍の水があったとされる斜面では、今でも擁壁にひび割れや傾斜が認められる。さらに、愛染坂や源聖寺坂では、盛土や崖錐（崩壊堆積物）でできた坂下の緩斜面では、構造物に不同沈下や圧縮による亀裂が認められ、坂の上部では引っ張り力によってビルや道路に開口した亀裂ができている。人工的に坂が作られ、一部は埋もれてしまっていても、崖は崖であることを主張しているかのようである。

大阪城の外堀

近世城郭では、大阪城、京都、松本城、岡山城、そして江戸城など、総構と呼ばれる大規模な外堀と土塁を備えていることが多い。現在、多くは埋め立てられ、削られているが、その遺構は中心市街に広く分布している。地震の際、これら埋め立てられた堀跡では大きな震動が予想される。したがって、都市に内在する堀跡は、文化遺産でもあるが、同時に、地盤災害の発生原因にもなり得るものである。

大阪においては、豊臣氏大阪城の南総構と呼ばれる大規模な堀が、上町台地を横断していた（**図27**）[93]。一六一四年（慶長一九年）の大阪冬の陣は、この堀を挟んだ両軍の攻防が主な戦闘であった（**図28a**）。しかし、堀の防御力が強大であったため、関東方は結局、一兵も堀を越えることができなかったのである（**図28b**）。そのため、戦いは膠着状態に陥り、緒戦から約一ヶ月で和議（講和）となっ

(92) 趙哲済ほか（2014）：上町台地とその周辺低地における地形と古地理変遷の概要、大阪上町台地の総合的研究
(93) 積山洋（2000）：豊臣氏大坂城惣構南面堀の復元、大坂城と城下町、思文閣出版

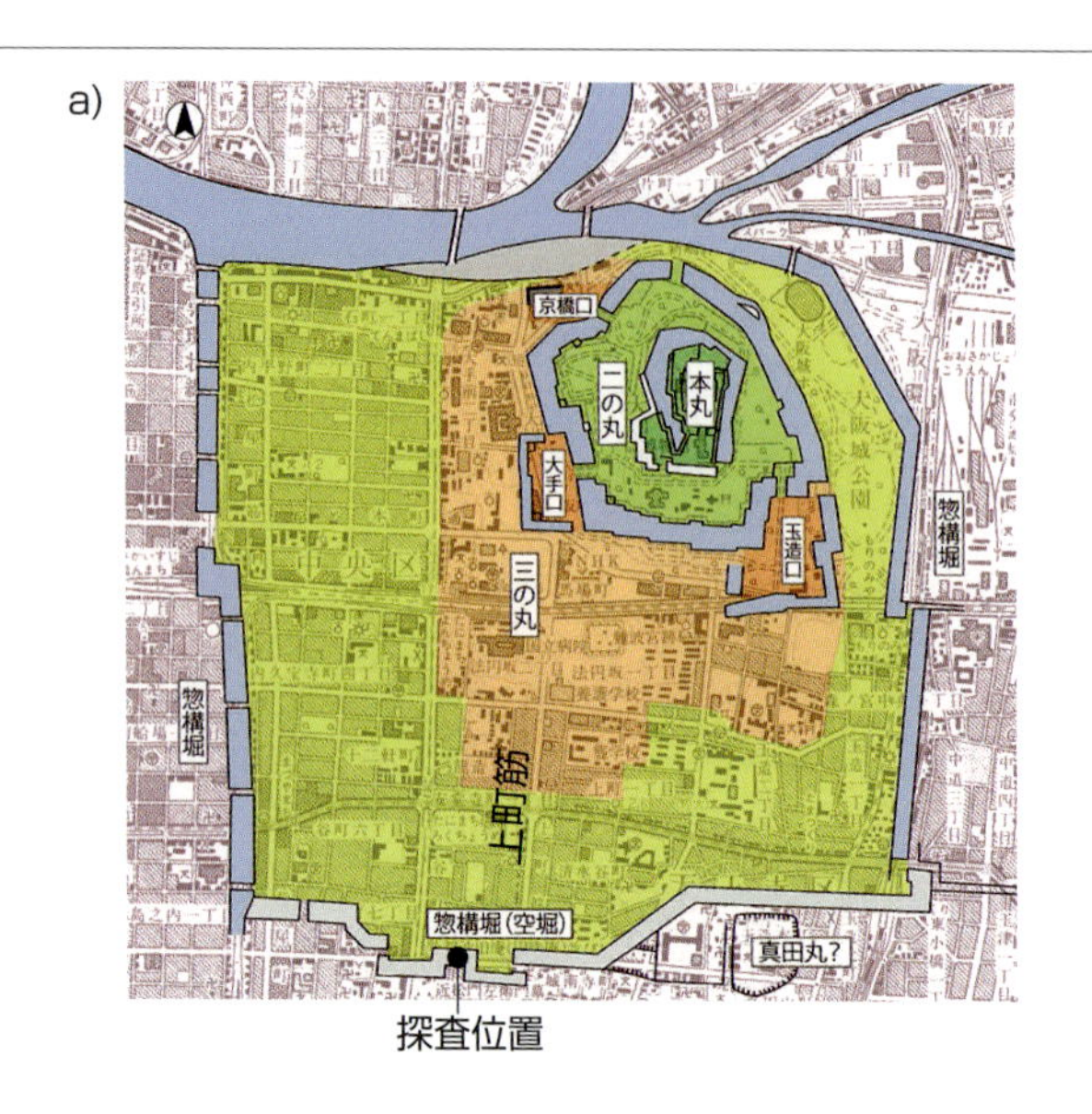

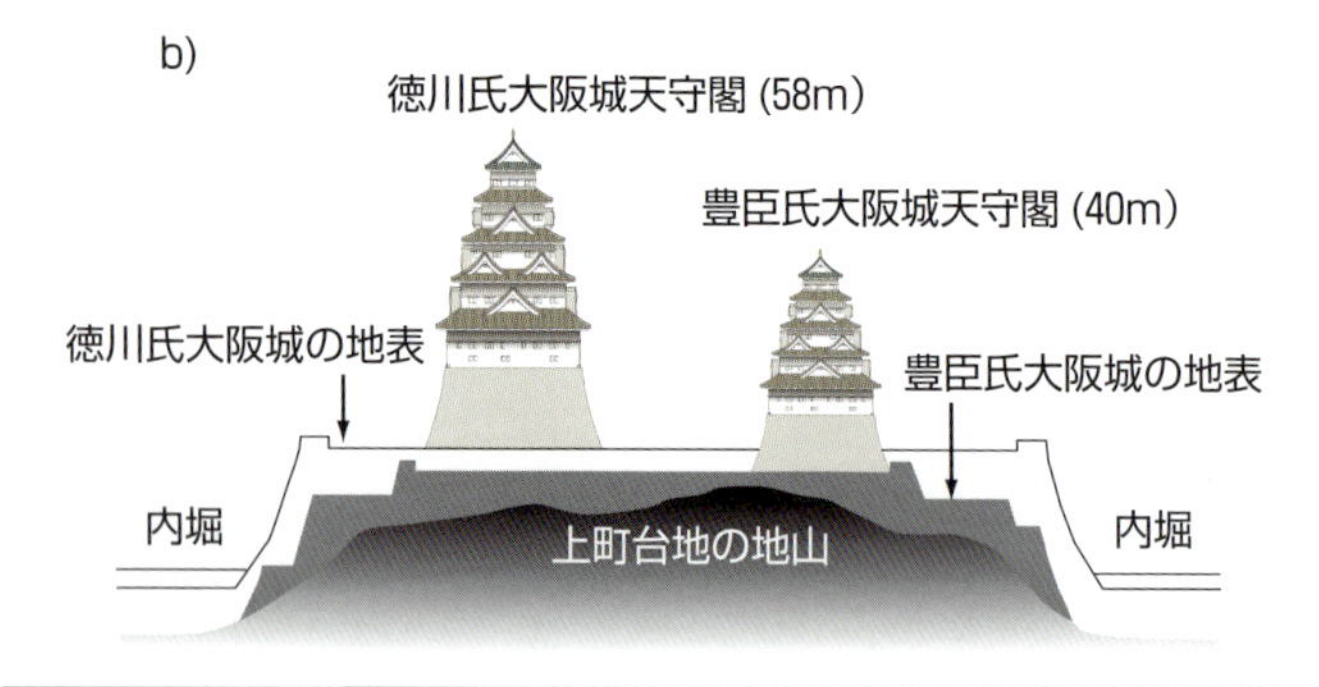

図 27●豊臣氏大阪城の概要

a）豊臣氏大阪城の概略平面図。総構が囲む面積は、現在の大阪城（徳川氏大阪城）の約 4 倍。（出典：リーフレット「平成 27 年大坂城跡の発掘調査説明会資料」（大阪府文化財センター））

b）大阪城本丸付近の模式断面。豊臣氏大阪城の遺構（石垣など）は、徳川氏大阪城の地下に埋もれている。

た。関東方の強い要求により、講和条件には堀を埋めることが含まれていた。冬の陣の講和は、一二月二二日に誓紙の交換をもって発効したが、翌二三日には関東方は早くも総兵力をもって昼夜兼行で南総構の埋立てを開始した。そして、二五日の午前一〇時頃には南総構と自分達の塹壕のほとんどで埋め立てを完了し、正午には掃除まで済ませてしまうといった素早さであった。[94]当然、堀はもとの地表面まで完全に埋められたわけではなく、人が歩ける程度で埋め戻しをやめた場所も多かった。そのため、現在でも不自然な帯状の凹地が台地上に残されている。凹地は全体的には東西に連続して上町台地を横断するが、途中で細かい屈曲を繰り返しており、当時の堀の位置と構造を概略推定することができる。一方、詳細な実測図を作成してみると、東西の堀跡に連続する南北方向の短い凹地が複数の箇所で認められた。この南北性の凹地は、関東方が空堀の底に侵入するために作った斜路（塹壕）の跡と思われる。この斜路は、大坂冬の陣図屏風にも描かれている（図28 a）。

関東方による埋め戻し工事は、あまりに短期間で行われたため、盛土・埋め土を締め固めている暇は無かった。そのため、埋め土は、掘に投げ込まれただけのフワフワの状態である。さらに、堀を埋める際、土が不足していたため、家屋の廃材など、雑多なものも投げ込まれた。それらは重なり合って空隙を作り、地震が起きたりすることで大きな荷重がかかると、空隙がつぶれて地盤沈下が起きる。

（94）内堀も含めた全体の埋立作業の完了は、約一ヶ月後。新修大阪市史編纂委員会（1989）：新修大阪市史、第三巻

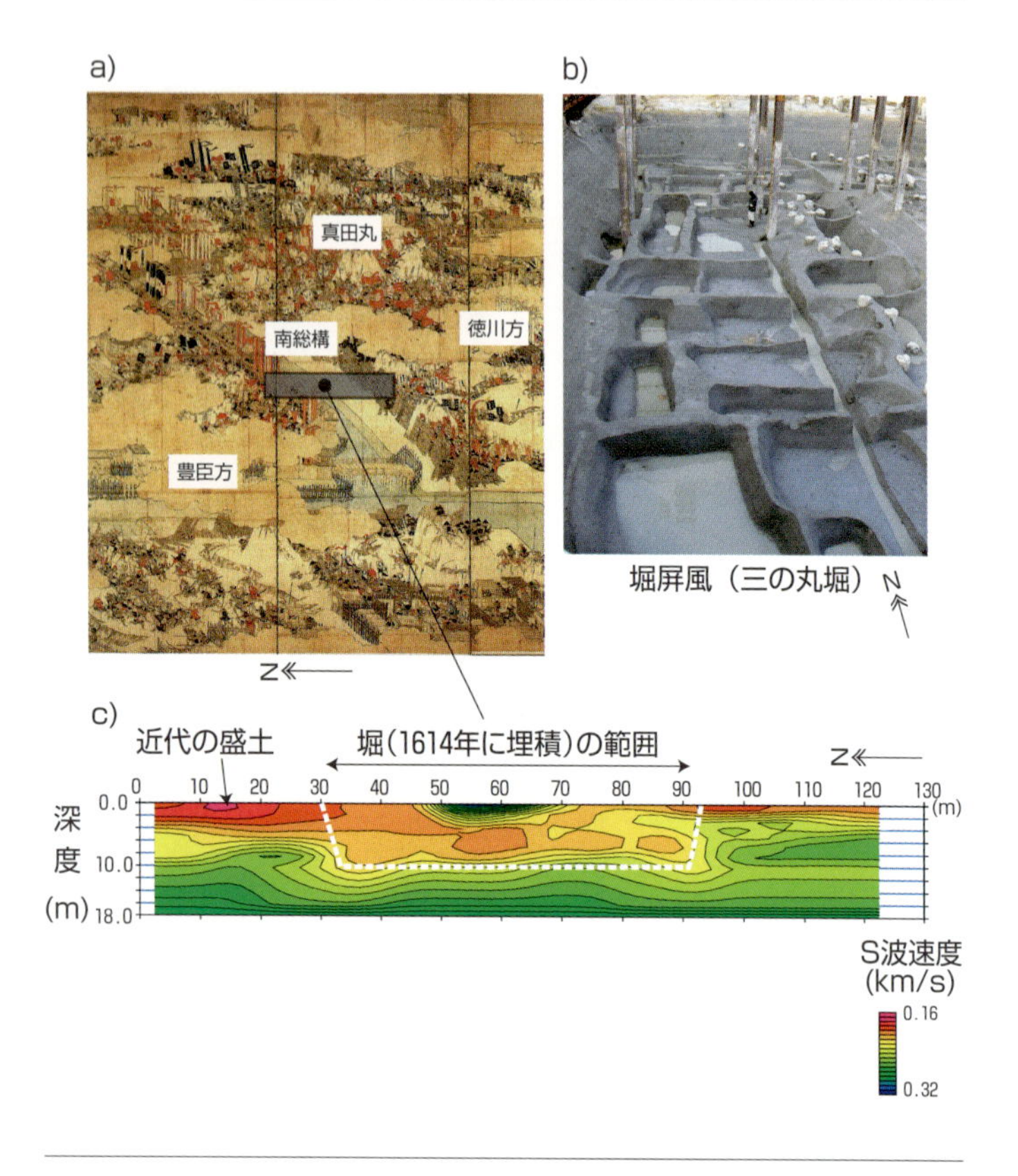

図 28●豊臣氏大阪城の堀

a）大坂冬の陣図屏風（国立博物館蔵）に描かれた南総構（外堀）（国立博物館蔵。出典：リーフレット「大坂城跡の調査」（大阪府文化財センター 2003））

b）発掘された豊臣大阪城の堀（三の丸堀）。底には堀屏風と呼ばれる防御装置が施されていた。

c）表面波探査法によって検出された南総構（熊野街道測線）。1614 年の埋め戻しが急いで行われたため、締め堅めが不十分で地山よりもかなり軟らかい（暖色ほど S 波速度が遅く、軟らかい）。

つまり、豊臣氏大阪城の堀跡は、埋立て直後の盛土・埋土としては最悪の部類であったと考えられる。実際、堀を横断する表面波探査によると、この堀跡は現在でも周囲に比べて相対的に低いS波速度の部分として容易に検出することができる（図28c）。つまり、地山より、かなり軟らかい幅五〇～八〇メートル、深さ約一〇メートルの地盤が、上町台地を横断して帯状に分布しているわけである。

このことは、現代の大阪の街そのものや建築計画にも影響を及ぼしている。すなわち、本来の上町台地の地盤は、地表付近の平均的なS波速度が二五〇～三〇〇メートル／秒に達する良好な支持層であり、小規模なビルであれば、建物をそのまま地盤の上に載せることができる。つまり、直接基礎が可能である。しかし、堀跡を埋める地盤のS波速度は一五〇～二〇〇メートル／秒であり、ビルを直接載せるには軟らかすぎる。したがって、堀跡にビルを建てるには、基礎が堀の底よりも深くなるので、基礎杭の施工が必要となる。さらに、堀跡（総構跡）を横断する上町筋は、通行量の多い幹線道路にも関わらず、堀の部分で沈下している状態が肉眼でも確認できる（図29）。南総構は埋められて四〇〇年という長い年月が経った。しかし、未だ完全には安定していないようである。

南総構は、中央部が空堀であった。現在の空堀商店街の名前の由来であるが、堀は商店街の南側一帯に相当し、商店街自体は、堀の外側の土塁の上に細長く延びている。現在、堀の内部は住宅地となっており、多くの家屋が密集して建ち並んでいる。大正期の長屋が多いことから、風情のある町並みが残っているが、軟弱な堀跡の上に建っているので耐震上は深刻な問題を抱えている。そのため、歴

図29●現代に残る堀跡のリスク。豊臣氏大阪城の南総構（空堀）が通過する部分で、上町筋の路面が沈下している。

史ある町並みをどのように安全に残すかということが再開発上の課題となっている。

近世大阪の産業遺構

大阪城の構造とは別に、空堀商店街の北側、すなわち、豊臣氏大阪城の内部にも大規模な凹凸が見られる。瓦屋町という地名からわかるように、これらの多くは、近世に掘られた瓦土の採掘跡である。当時、御用瓦師、寺島宗左衛門に代表される大阪の瓦製造業は有名で、この付近がその中心地であった。瓦屋町で大規模な瓦生産が行われていたことを裏付ける具体的証拠として、ここの遺跡から軒丸瓦（本瓦ぶきの屋根の軒先に用いる丸瓦）の製造時に用いられた瓦製の「型」が出土した[95]。「神咒寺潅頂堂」の文字が裏返しに刻まれている。同じ文様の瓦が、兵庫県西宮市の甲山大師・神呪寺に保管されており、大口の注文も受けていたことがわかる。

この地に瓦産業が興ったのは偶然ではない。瓦を焼くには、原材料の粘土が必要である。上町台地の土台を構成する大阪層群の粘土は、それに適した土であった。同じ地層が分布する千里丘陵や泉北丘陵では、古代から奈良・平安時代にかけての土器（須恵器）を焼いた窯跡が多数見つかっている。それらの須恵器は、瓦屋町で焼かれた瓦と同様、全国に流通していた。大阪層群の粘土を採掘するには、崖を掘り進むのが簡単である。そのため、上町台地西縁からやや東に入った付近に、当時の採掘跡が拡がっている。都市域のため、凹凸はわかりにくくなっているが、地すべり崩壊跡と同様、レーザー地形測量による精密な地形等高線図によって読み取ることができる。

江戸時代の大阪は、天下の台所と呼ばれ、諸藩の武家屋敷や蔵屋敷が置かれていた。近代になって、封建体制が崩壊するとともに、不要になった屋敷群も転用されていった。中之島周辺に建ち並んでいた蔵屋敷には、広島藩や久留米藩のように物資輸送のための大規模な舟入（堀）を備えたものが多かったが、これらも埋められてビルが密集する一画となった。現在は、再開発予定地として公園や駐車場として利用されている。

（95）神咒寺潅頂堂瓦笵。江戸時代後半。大阪文化財研究所蔵

地盤は水平にずらされるような変形を受ける。すなわち、地盤をせん断するように揺らすことから、S波は「**せん断波**」とも呼ばれている。このS波の速度、すなわちS波速度（Vs）を二乗して**密度**（ρ）をかけると、**剛性率**（G）が求められる（$G=\rho Vs^2$）。剛性率は、地盤の堅さの指標であり、地盤のせん断変形の大きさを規定するパラメータとして、地盤工学的に重要な意味を持つ物理量である。様々な仮定が必要であるが、表面波探査法によって、われわれは最終的に剛性率に辿り着くことができ、その値は地震時の地盤の動きを予測するために役立っている。

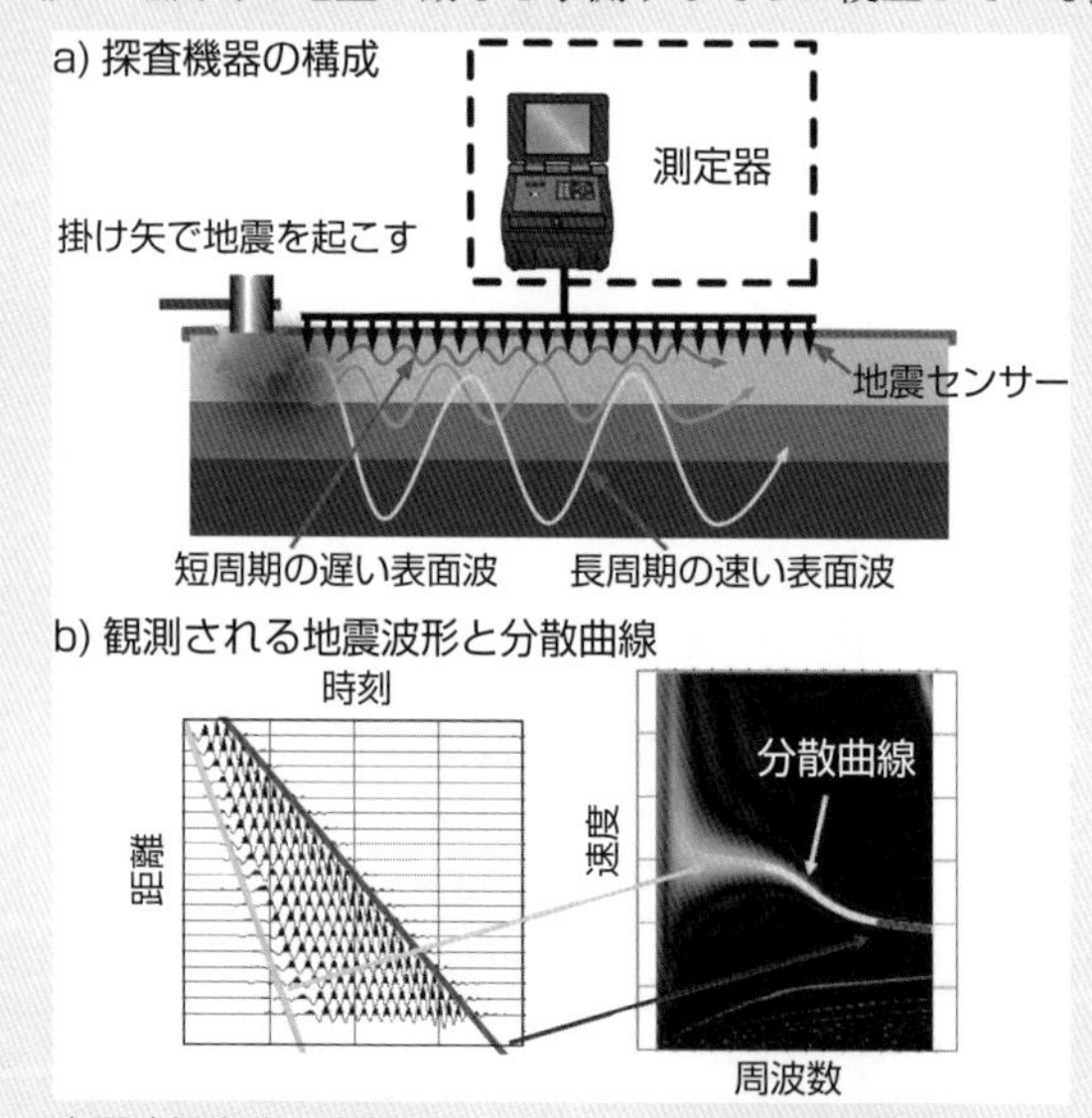

表面波探査法の原理
「林宏一：表面波を用いた地下浅層部の探査、非破壊検査、53、2004」の図を一部改変

(96) K. Hayashi and H. Suzuki (2004)：CMP cross-correlation analysis of multi-channel surface-wave data, Exploration Geophysics, 35.

基礎知識6◆表面波探査法

地震による地盤の揺れ方や地下に電気を流したときの抵抗値、局地的な地磁気や重力の異常など、物理量を測って地下構造を知ろうとする試みは、古くから行われてきた。これらを一括して**物理探査法**と呼んでいる。これらのうち、本書では、林宏一らが開発した**高精度表面波探査法**の結果を主に紹介している[(96)]。

地震波は、地球の内部を伝わる**実体波**と表面のみを伝わる**表面波**に大きく分けられる。実体波の中身は、物質の体積変化に関係し観測点に最初にやってくる**P波**と、それに続く**S波**である。表面波はこれらよりも遅いため、やや後に観測される。実体波（P波S波）の速度は、物質によって固有であるが、表面波の速度は波の**周期（1/周波数）**によって異なる。これを波の「**分散性**」と呼んでいる。「**波長＝周期×波の伝播速度**」であるから、言い換えれば、波の分散は**波長**によって速度が変わるということを意味する。経験的に速度は、波長の約$\frac{1}{3}$と言われている。実は、表面波のこの性質は、表層付近の地盤の構造を推定する上で大変便利である。すなわち、波長の短い短周期の表面波は浅い部分、波長の長い長周期の表面波は深い部分を通過するので、観測された表面波の周期（周波数）と伝播速度の関係（**分散曲線**）がわかれば、その関係を満たす波の伝播速度構造、すなわち地下構造を推定することが可能である。具体的には、複数の観測点で観測された表面波を周期（周波数）毎に分解（**フーリエ変換**）し、それぞれの周期の波が到来した時刻のずれを求める。この時間差で観測点間距離を割ったものが、その周期での伝播速度である。

表面波の伝播速度は、表層付近では**S波速度**の0.9〜0.95倍であるので、上記の表面波の速度構造を、実体波であるS波速度の構造に、読み替えることが可能である。S波は、波の進行方向と直交する方向に振動する波であり、これによって表層付近の

秀吉の京都

総構の時代

京都では「太閤さん」の人気は高い。何と言っても中世の寂れた京都を復活させたのは秀吉のインフラ整備だったからである。まず秀吉は、寺町通、堺町通など、それまで無かった南北の道路を通し、平安京以来、一辺約一二〇メートルの正方形だった京の町割を短冊状に変更した。「天正の地割り」と呼ばれる。これによって、道路に面した土地が増え、家屋の数と人口が増加した。さらに、秀吉は御土居堀と聚楽第を建設し、京都を根本的に改造した。現在の京都は、この時の都市構造を受け継いでいる。

中世の京都では、一五世紀後半の応仁の乱ぐらいから、地域を守るために「構」と言われる大きな防御施設が何ヶ所かで作られた。それらは、一六世紀には上京と下京の二つをそれぞれ取り囲む「総構」に発展した。総構は、内部に寺院や武家地なども取り込んだ大規模複合集落としての特徴を持っていたが、外側はいわば郊外である。秀吉は二つの総構の外側の荒れ地に聚楽第を建設し、上京下京

図30●豊臣秀吉の京都都市計画
a）聚楽第を中心とした京都総構としての御土井堀（基図は地理院地図）
b）御土井堀の遺構（大宮土居町）
c）聚楽第図屏風に見られる内堀（三井記念美術館蔵）

の総構を取り払って全体を包含する御土居堀を設けた。総構自体は、大阪城にも見られたが、都市全体を囲んだという点で、総構中の総構とも言うべき京都の御土居堀は、秀吉の権力の大きさを象徴的に示すインフラであった。実際、この時から、洛中と洛外が明示的に区別されるようになったと言われている（図30a）。

御土居堀

御土居堀の全長（外周）は約二二・五キロメートル、それが囲む「洛中」は、南北約八・五キロメートル、東西約三・五キロメートルの縦長の形をしていた。規模は場所によって異なるが、発掘記録や残っている部分から判断して、堀の幅は一〇～二〇メートル、深さは、二～三メートルである。土塁の幅も底部で約二〇メートルなので、合計四〇メートルの規模であったと推定される（図30b）。天正一九年（一五九一年）の一月から建設を開始し、二二キロメートル以上の大規模な土構造物を二ヶ月ないし四ヶ月で完成させた。驚くべき動員力である[97]。しかも、場所にもよるが、堀は水堀であり、近くの河川から水が引かれていたようである。そうした場所の一つに中京区西の京笠殿町がある。二〇一二年に発掘調査を行った京都市埋蔵文化財研究所によると、ここでは御土居堀の洪水抑制機能について興味深いことが明らかになっている。

北山から京都盆地に流入し、北野天満宮の西を南下する紙屋川は、平安京では現在の堀川とペアをなす西堀川として直線化され、平安京へ物資を輸送する運河として整備された。二〇一二年に京都市埋蔵文化財研究所によって発掘された土層断面（地層の変化）を見ると、西堀川の変遷と御土居堀との関係がわかる。[98] この平安京の運河は、幅約六メートルで両岸に幅六メートルの道路と排水溝があった。運河と両川川端のサイドウォークを合わせて幅は八丈（約二四メートル）あり、西堀川小路と呼ばれた。しかし、西堀川の川としての機能は早々と失われたと見られる。河床が平安時代から洪水土砂の堆積によって上昇し、西堀川小路は土砂で埋め尽くされたからである。室町時代の頃には流路跡も無くなるので、最終的には川筋も移動したと考えられる。つまり、紙屋川は暴れ川と化したわけである。紙屋川が流れる平安京の右京は、平安時代中期の一〇世紀には衰退を始めるが、こうした激しい土砂堆積がその原因の一つであったのかも知れない。この河床上昇に対応し、発掘地点よりも南の地域では、紙屋川は天井川化している。

この場所の御土居堀は、平安時代～室町時代の西堀川の洪水堆積物を掘削して作られた。土塁は現

（97） 中村武生（2005）：御土居堀ものがたり、京都新聞出版センター

（98） 京都市埋蔵文化財研究所（2014）：平安京右京二坊十一町・西堀川小路跡、御土井跡、京都市埋蔵文化財研究所発掘調査報告二〇一二～二五

在では失われているが、やはり西堀川の洪水堆積物を土台としてその上に築かれたと考えられる。ここでの堀の幅は一四メートル以上、深さは約三メートルであったと推定され、平安京の西堀川の水路に比べて大規模である。堀の底部には薄い泥層と砂礫層が、堆積している。これらは明らかに水中の堆積物であり、御土居堀は、紙屋川を引き込んだ水堀だったと考えられる。その上位には洪水によって運ばれたと思われる砂礫層が堆積しているが、全体として堀の中には近世の洪水堆積物は少なく、江戸時代を通じて堀の流水機能はほぼ維持されていたと考えられる。天井川化した紙屋川は、いったん氾濫すると、その被害は甚大であった。しかし、御土居堀が形成・維持された桃山時代〜江戸時代まで、比較的、氾濫は抑制されていたと推定される。京都市埋蔵文化財研究所の高橋潔によれば、円町の南側で紙屋川が再び氾濫を繰り返す川になったのは、御土居堀が埋められた明治時代以降のことである。[22] 昭和一〇年の鴨川大水害では、紙屋川、御室川も氾濫し、右京区の家屋被災率は四〇%以上にのぼった。昭和二六年七月には、堤防が決壊し、西の京一帯が浸水した。

発掘地点では、堀の大半を近代の土砂が埋めている。地形図の解析から、この場所の御土居堀が破壊されたのは、明治時代末〜大正時代初め頃と考えられる。他の場所でも近代になって、御土居堀は、その多くが破壊された。交通の邪魔という場合もあるが、地上から消えた最大の原因は、御土居堀の私有地化である。江戸時代まで、御土居堀は、幕府によって管理され、原則として私有が認められていなかった（一部で寺院に譲渡された例はある）。しかし、明治の地租改正の流れの中で、御土居堀を含む民間の共有地で私有が認められるようになった。いったん私有地化されれば、開発は急激に進行する。その結果、現在では御土居堀のほとんどは地上から姿を消すことになった。現在、御土居堀は、土塁も堀も地表には断片的に残るのみである。

聚楽第

一五八五年（天正一三年）、琵琶湖岸での地震災害を書き残したフロイスは、一五九一年（天正一九年）、ポルトガルのインド副王使節が聚楽第で豊臣秀吉と謁見した様子も記載している。聚楽第は、関白豊臣秀吉が京都中心部（平安京の大内裏の一画）に築いた「壮大かつ華麗な城」（フロイス）である。一五八七年（天正一五年）に完成し、当時の後陽成天皇が二度も行幸されたことで知られている。関白の居城であったので、この謁見の数ヶ月後、秀吉が関白を辞任し太閤となると、甥の秀次に関白職とともに譲られた。しかし、一五九五年（文禄四年）、秀次が殺されると[100]、聚楽第も破却された。秀次の痕跡を地上から消すためと言われている。

(99) 前掲「京都市埋蔵文化財研究所発掘調査報告二〇一二〜二五」

(100) 七月一五日に豊臣秀次は豊臣秀吉の命により高野山で切腹した。

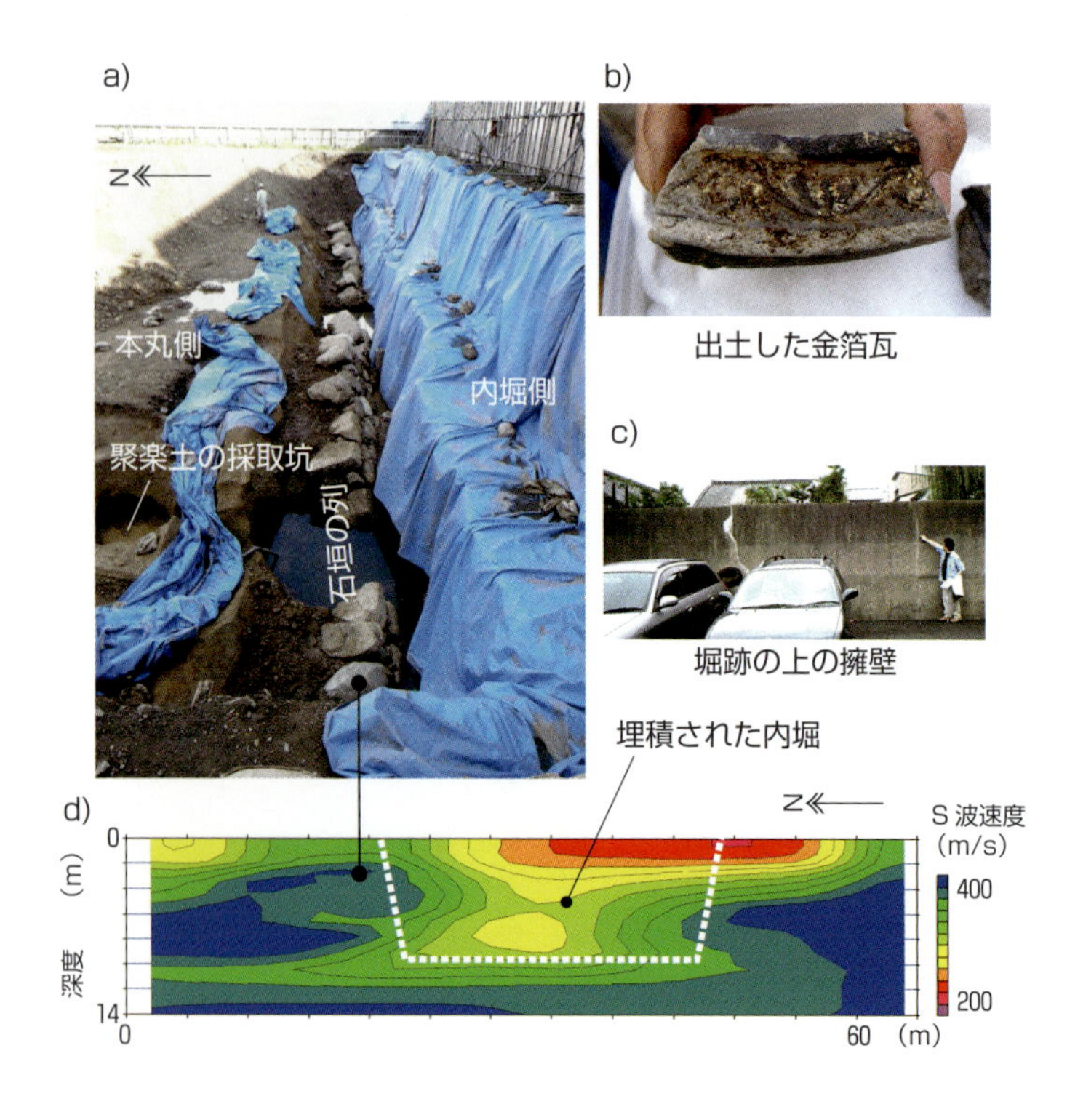

図 31●聚楽第の堀

a) 2012 年に発掘された聚楽第内堀の石垣。敷地の関係で、堀の内部はほとんど発掘されなかった。

b) 本丸側から出土した瓦。金箔が施されている。

c) 現代における堀跡のリスク。擁壁に亀裂ができている。ただし、探査の結果、この付近では堀跡の連続性が悪いことがわかった。したがって、この凹地は大規模な聚楽土採掘跡である可能性もある。

d) 表面波探査によって検出された聚楽第の堀跡（深さ約 10 m、幅約 30 m)。地山よりも軟らかいが、大阪城の堀跡に比べると圧倒的に固いもので埋められている。

聚楽第は、地上にあった期間が短いため、その構造がよくわかっていない。しかし、聚楽第図屛風、洛中洛外図などに描かれた姿から、天守と二重の水堀を備え、二条城よりも一回り大きい、本格的な近世城郭であったと考えられる（図30c）[101]。堀の位置や深さも正確にはわかっていないが、これまでの発掘成果や物理探査結果を総合すると、幅数十メートル、深さ一〇メートル以上の本格的な堀であったと考えられる（図31）。これらの堀の多くは、破却時に砂礫などの良質な材料でしっかりと埋められたが、一部は町屋から運び出される塵芥で埋められた[102]。こうした堀跡と京野菜は意外な関係がある。堀跡の土壌は、栄養分が豊富で軟らかいので、牛蒡が大きく太く育った。これは聚楽牛蒡や堀川牛蒡と呼ばれ、京野菜の一つとして知られている。一方、堀跡のうち軟らかい場所では、地盤が周囲に比べて変形しやすいという特徴もある。事実、四〇〇年以上たっても安定せず、現状でも地盤沈下が起きている場所もある。

また、聚楽第付近に堆積している均質な黄色い粘土層は、茶室の壁土や楽焼きに用いられた。聚楽土と呼ばれ、現代でも数寄屋作りの建物には欠かせない最高級の壁土である。そのため、聚楽第が無くなってからも、付近では土の採掘が盛んに行われていた。京都府埋蔵文化財調査研究センターの発

（101）日本史研究会（2001）：豊臣秀吉と京都、文理閣
（102）山崎達雄（1999）：洛中塵捨場今昔、臨川選書

掘調査[103]によれば、江戸時代前期、直径数メートル～十数メートル、深さ二メートル程度の掘削孔が場所によってはかなり高密度で掘られた。江戸時代の地表は二メートル程度嵩上げされているので、掘削孔は厚さ約四メートルの盛土で埋められている。掘削孔を埋めた土は軟らかいので、場所によっては沈下によって地表では凹凸ができている。

（103）京都府埋蔵文化財調査研究センター（2013）：平安宮跡・聚楽第跡、京都府遺跡調査報告集第一五六冊

第7章……埋もれた都の近現代

都市型斜面災害の出現

わが国では近代以前、つまり江戸時代までは、大地震や極端な気象災害を除いて、「都市」での斜面災害は少なかった。実際、山地での大規模崩壊や地すべり災害の記録は多数あるにも関わらず、江戸、大阪、京都など、当時の大都市と考えられる場所で、斜面災害の記録はほとんど見当たらない。しかし、当時の浮世絵を見ると、この時代にも不安定な斜面つまり崖は、江戸や大阪のような大都市ではあちこちに見られたことがわかる。それでは、なぜ災害の記録が少ないのであろうか？　実は、この設問への答えの中に都市における防災・減災のためのヒントが隠されている。

土地制度が防いでいた災害

江戸時代の都市で斜面災害が少なかった点について、考えられる理由は、斜面災害に関心が無かったか、斜面災害そのものが少なかったからであろう。しかし、わが国は日記の国である。江戸市中で犠牲者が出るような斜面災害があれば、何らかの記録は残っていると考えて良い。したがって、記録が少ないのは、おそらく後者の理由（江戸市中で斜面崩壊による人的・物的被害そのものが少ない）によると思われる。すなわち、当時、屋敷の敷地は崖を含んでいても、崖直下に住宅を建てるという例は、まれだったと思われるのである。このことは、郊外にも当てはまる。現代のように、わざわざ土石流の通り道に住むことなど、当時としては考えられないことであった。いわば、斜面災害に遭いやすい危険な土地は、宅地に適さない土地（利用できない土地）として扱われていた。

しかし、なぜこうした効果的なリスク回避策が可能だったのだろうか？　確かに、江戸時代の都市の規模自体が小さく、都市人口も今ほど過密でなかったことも理由の一つである。しかし、最大の理由は、当時の土地制度にあるように思われる。現在では想像することが難しいが、江戸時代まで、土地所有は公有が原則（厳密に言えば、全国の土地は将軍のもの）であって、私有財産権は制限されていた。もちろん、例外はあった。都心部、例えば江戸市中などでは、町政に参加するような有力町人達は、沽券と呼ばれる土地譲渡契約書をかわし、土地の権利（占有権）を売り買いすることができた。[104]「沽券にかかわる」の由来である。しかし、この場合でも、現在のように自分の土地であれば何をやってても良いというわけではなく、しかも取引単位は基本的に町割当初の形が維持された。したがって例えば、譲渡された土地を再開発して細切れにし、不特定多数に売り抜けるというような荒っぽい行動は取れなかった。つまり、土地の公共性が重要視され、不動産としての流動性には制限があったのである。したがって、一般町民は借家住まい、武士は拝領屋敷（今でいう官舎）が普通であった。

さらにもし、崖下の住宅で災害が起きれば、地主（有力町人）や藩（幕府）の役人の責任が問われた。行政の責任が今よりずっと重い時代であったので、最悪の場合は、職務怠慢のかどで死罪（切腹）になるかも知れない。すなわち、危ないところには住まない、住まわせないという合理的な都市作りが、制度的に可能だったのである。このことをよく示す例を、薩摩藩政下の鹿児島で見ることができる。[105]周知のように、鹿児島は始良（あいら）カルデラの中に発展した町である。山側は崩れやすいシラスの斜面であるため、過去何度も斜面災害に見舞われてきた。その教訓を生かし、薩摩藩では、崖下の緩傾斜地を住宅とすることなく、雑木林や竹藪のまま放置し、薪や筍の採取場所として利用した。こうした緩傾

(104) 吉原健一郎（1994）：寛永期江戸の土地売買、日本常民文化紀要、一七
(105) 岩松暉・原口泉（1994）：しらす文化と自然災害史、第二九回土質工学研究発表会特別セッション

斜地が過去の崩壊の堆積範囲（崖錐）であり、危険な場所と認識していたためである。しかし、現代ではそうした場所にも住宅が密集している。

欲が招いた崖崩れ

江戸の街では、通常の場合、崖崩れで死者がでるケースはまれで、もし発生するとそれはニュースになった。例えば、藤岡屋日記[106]には次のような記述がある。一八一五年（文化一二年）の冬、薬研坂（現在の港区赤坂四丁目と七丁目の境界の坂）に住む和田庄五郎という御家人が、自宅裏山の崖崩れで土に埋まり、圧死したというニュースである。当時の江戸切絵図を見ると、薬研坂下には小さな武家屋敷が集っており、数ヶ所住人の名前が記載されていない敷地がある。おそらく、そのうちの一軒だと思われる。ところで、この和田庄五郎は、自宅の庭や台地の崖を掘削し、土を売却して金を得ていたらしい。隣家の境界まで掘り進んでいたというから相当大胆である。ある日、いつものように崖下を掘り進んでいたところ、突然崖が崩れて埋まってしまった。家人も全く気付かず、しばらくして土を取り除いて彼を発見し、驚いたという。このことは、しばらくの間、江戸の街で評判になったと藤岡屋由蔵は書いている。要するに、御家人の経済的困窮が過度の人工地形改変につながり、斜面災害（掘削事故）を招いたとするスキャンダルである。しかし、人間の欲が斜面災害に結びついたという点は、明治以降の状況につながるものであった。和田庄五郎の事件は、江戸末期における商品経済の発達を象徴する出来事と言えるかも知れない。

一方、江戸三大水害と言われる、一七四二年（寛保二年）、一七八六年（天明六年）、一八四六年（弘化三年）の洪水では、江戸府内だけで数千人規模の死者・行方不明者が出たと言われている。[107]崖崩れも目白や愛宕山で多数発生したとの記録があるが、斜面災害による犠牲者は明らかでない。当時、江戸の範囲は現在の山手線の内側ぐらいだった。現在は繁華街である目白や愛宕山も、当時はのどかな農村か寺社地、武家地であり、死者が出るような環境ではなかったのかも知れない。

都市における斜面災害の始まり

上記のように、江戸時代以前の都市では、自然現象としての斜面崩壊や崖崩れは起きていたが、それが災害（人的被害）につながるケースはまれで、もしあれば特筆すべきことであった。すなわち、現代のように都市の斜面災害が頻繁に発生し、犠牲者が出るようになるのは明治以後のことである。

---

(106) 第一巻　文化一三年
(107) 力石常次・竹田厚編（2007）：日本の自然災害、国会資料編纂会

その背景には、一八七三年（明治六年）の地租改正法の制定がある。これにより、「土地の所有」とは原則として使用権のことだとする、従来の考え方は否定され、西洋近代にならって新しく個人的な土地所有権の概念が取り入れられたのである。[108] こうして個人の私有地となった土地は、流通や担保の対象として扱われるようになった。このことは、わが国における資本主義体制の確立の基礎となったが、一方では災害を増加させる原因にもなった。いったん細分化され個人の所有物となった土地では、その土地に多少の災害リスクがあっても、利用を取りやめることは経済的に難しい。もちろん災害は起きて欲しくはないが、その確率はよくわからないことが多いし、背に腹は代えられないということになる。こうして、個人レベルでも自治体レベルでも、「起こってはならないことが、起こるはずのないことにすり替わる」という現象が、全国の都市で見られるようになり、結果的に都市域での斜面災害が頻発するようになった。こうした頻発する都市の斜面災害には、富国強兵、産業革命、震災、世界大戦、高度経済成長、バブル経済といった、わが国の近現代史が深く関わっている。都市において斜面災害が社会問題化する背景には、常に都市の形態の変化あるからである。例えば、戦後、首都圏で頻発した斜面災害の背景には、「関東大震災で急に変化して、太平洋戦争でまた締めあげられたように変わった。」という東京の姿がある。[109] また、昭和一三年、阪神間で発生した深刻な土砂災害の背景には、阪神間モダニズム[110]の進展を反映した急速な都市化現象があった。しかし、これらの詳細は、長くなるので、稿を改めて述べることにしたい。

埋もれた郊外

消えゆく山林

ここで、簡単に里山と平地の集落の関係を振り返ってみたい。中世以降、里山の開発は惣村の共同体によって行われた。平地の農業のかなりの部分は、里山が供給する燃料や肥料によって支えられていたと言える。第5章で述べたように、里山の集約的利用の結果、山地斜面では草山化、平地の河川では天井川化が進行した。そのため、山地斜面の崩壊が起きやすくなり、下流の河川でも洪水が頻発した。そこで、幕府や諸藩では植林を奨励し、土砂留を行い、災害の防止を試みた。その効果は限定的であったが、江戸後期には、その努力が実を結び一部では山林の回復も見られた。つまり、災害は

(108) 丹羽邦男 (1989)：土地問題の起源——村と自然と明治維新、平凡社選書
(109) 井伏鱒二 (1982)：荻窪風土記、新潮社
(110) 「阪神間モダニズム」展実行委員会 (1997)：阪神間モダニズム——六甲山麓に花開いた文化、明治末期—昭和一五年の軌跡、淡交社

根絶されたわけではなかったが、そのダメージは、里山の利用がもたらす利益に比べれば住民にとって受忍できる範囲であり、利便性と災害リスクのバランスは、数百年間も微妙に保たれたのである[111]。

しかし、明治における地券交付・地租改正は、日本人と土地の関係を大きく変えた。それは税収を安定させ、近代国家を建設するために必要な改革であったが、あまりに急激で徹底した変革であったため、その副作用として、災害に結びつくことがあった。第6章で述べた京都の紙屋川と御土居堀の関係は、その典型例である。都市郊外の里山でも、多くの周辺農民の抵抗を力で排除しつつ、山林の私有地化と官有地化が進行した。当時は、殖産興業の時代であり、多量の燃料が必要とされた。その結果、江戸後期に御林として諸藩に保護されていた山林までも伐採され、再び、はげ山化した例も見られる。こうした上流部の状況を反映し、明治の半ば以降になると、下流の平野部において洪水が再び激化するようになる[112]。

消えゆく里山

私有地となった里山や谷戸は、戦後の高度経済成長以降、多くが地形の改変を受け、宅地に変えられた[113]。京都の御土居堀と同じである。こうしたことの背景には、相続制度の問題がある。本来、山林の固定資産税は低かったので、私有地であっても里山として存続することが可能であった。しかし、周辺が都市化すると評価額が上昇し、相続が発生すると、税金対策としてデベロッパーに売却された場合や組合方式で開発される例が多かった[114]。宅地化は究極の商品化に他ならない。地形改変によって生み出された膨大な宅地は、土地の記憶が漂白され、単なる「物件」となったのである。そして、これらの多くは、金融機関の担保という形でマネーに変わっていった。このマネーが流動化し、やがて八〇年代バブルを生むことになる。資本主義体制としてもやや異色な、「土地本位制」とでも言うべきわが国独特の経済システムは、この時に完成を見たと言える（図32ａ）。

宅地の地すべり

土地の錬金術によって生み出された宅地（谷埋め盛土）は、戦後、しばらくの間は大過なく過ごしていたが、一九七八年宮城県沖地震、一九九五年兵庫県南部地震、二〇〇八年新潟県中越地震、二〇

(111) 村澤真保呂ほか編（2015）：里山学講義、晃洋書房
(112) 明治一八年（一八八五年）淀川の水害、明治四三年（一九一〇年）荒川・利根川の水害など
(113) 釜井俊孝・守随治雄（2002）：斜面防災都市、理工図書
(114) 田中美季（2009）：思いが埋め込まれた緑地――東京都稲城市<南山>を事例に、東京大学新領域創成科学研究科修士論文

a)

図 32●現代都市に埋もれた災害のリスク

a) 造成中の谷埋め盛土。ブルドーザーの車列が尾根を削り、土砂を谷の中に落としている。わが国の大都市の多くで、こうした宅地が多数造成された。(朝日新聞 2003.2.23)

b) 安全のはずの造成地が、地震によって危険な宅地に変わる例（2008 年中越地震による長岡市高町団地の災害)。

c) 2011 年東北地方太平洋沖地震による谷埋め盛土の地すべり（福島市あさひ台)。

一一年東北地方太平洋沖地震という具合に、立て続けに発生した都市の地震災害において、その弱点を顕わにすることになった（図32b）。谷を埋めて作った土地には地下水が貯まりやすく、強い地震動を受けると、しばしば地すべりが発生するのである（図32c）。そうなると盛土は住宅を載せたまま滑っていくので、住宅はひとたまりもなく破壊されることとなる。しかし、盛土は人工物であり多くは私有地なので、原則として宅地の復旧、住宅の再建は所有者個人の負担で行わねばならない。このため、被災後も多くの住民が経済的に困窮する事態となった。もちろん、国も手をこまねいていたわけではない。二〇〇六年には宅地造成等規制法を改正し、新たに宅地耐震化推進事業[115]を創設するなどの対策を講じた。しかし、現時点ではこうした制度が有効に活用されているとは言い難い状況である。その背景には、あえて問題を顕在化したくない自治体担当者、そして地盤のリスクを自分のこととして考える習慣の無い住民双方の思いがあるように思う。

戦後、わが国の都市計画の前提となったのは「持ち家政策」である。同様な施策は、冷戦構造下の西側各国においても強力に推進された。米国では、ウィリアム・レビットが始めた、プレハブ住宅による郊外型ニュータウンの開発がその代表である。後に「郊外（サバービア）の父」と呼ばれるようになるレビットは、安価な住宅を多くの退役軍人に供給する理由として、〝誰でも自分の家と土地を

（115）（事前）対策費の半分を国と自治体が負担する制度。

もっていたら共産主義者にはなれない〟と述べている。実際、レビットタウンの一戸建てに住む専業主婦は、資本主義陣営の戦略兵器であったとも言われている。[116]

以上のように、現在そして将来、わが国の都市で頻発する（であろう）宅地谷埋め盛土地すべりの背景には、「冷戦」、「甘いリスク（防衛）認識」、「土地の錬金術」という戦後レジームの三段論法が存在する。それから脱却し、この難しい問題の解決への第一歩は、「人に個性があるように、それぞれの土地の地盤条件は異なるので、どの場所にどのように住むのかを決めるのは自分自身の責務である」という、当たり前のことを確認し合うことであると思う。

---

(116) ニクソン対フルシチョフによるキッチン・ディベート（一九五九年）を参照。

おわりに

　これまで、多少前後した部分はあるが、ほぼ年代順に地盤に関する災害と人間の関係を見てきた。行く川の流れが絶えないように、地盤の歴史と人間の歴史はつながっている。さらに、地盤災害は、土地と人間の歴史性を反映する今日的課題である。そのことを、開発による災害リスクの発生過程を中心に、いくつかの事例を題材に述べた。自然の改造は、必ず反動を生む。そのことを過去の事例は示している。古墳、天井川、琵琶湖湖底遺跡などは、そうした意味での歴史遺産に他ならない。すなわち、埋もれた都（遺跡）に見られる災害の記録は、開発↓利益↓環境悪化↓災害という問題に直面しつつ、ある時はそれを克服し、ある時は失敗して滅んでいった先人の足跡である。同様のややこしい歴史遺産になりそうな事例は、現代の都市にも見られる。谷埋め盛土や崖っぷちの開発は、その典型的な例である[117]。これらもいずれ過去の一部となって、歴史の批判にさらされるだろう。われわれの時代の都市（みやこ）は、そうした歴史（時間）の重圧に耐えられるだろうか？

　戦後を代表する思想史家の藤田省三は、現代の都市芸術を次のように描写した。「現代的大都市と

（117）　釜井俊孝（2011）：東日本大震災で見えてきた斜面災害研究の課題——地震国日本の事情、新砂防、六四

は、歴史的連続体に対して『アッチを切り取り、コッチを毀わし』しながら進んでいる『人工的な解体工事の集合体』だから、裂け目で成り立っているものであって、ここで産まれる、芸術は、その裂け目の切り口を眼光鋭く現場感覚をもって表現しなければならない[118]」。都市の災害では、とりわけ、この「裂け目」が鮮明に表れている。したがって、防災の研究は、都市の裂け目の「修復」を目指す科学でありたい。裂け目を見つけるには、広い意味での地学が役立つ。したがって、「地学的教養＝裂け目を見る眼」は、災害列島に住む日本人にとって、必須の知であると言える。本書では、そうした地学的教養が、土地条件にそった教養として、多くは暗黙知・非言語知として蓄積・継承（伝説もその一部）されてきた歴史についても述べている。しかし、著者の能力の限界から、書き漏らした重要なことがあるに違いない。その点は、予めお詫びしておきたい。

本書は、多くの方々のご協力の成果でもある。特に、理科系出身の私が曲がりなりにも歴史・考古学に関する印刷物を著し得たのは、歴史・考古学分野に優れた先達、協力者を得ることができたからである。特に、寒川旭、林博通、中塚良の三氏には、様々なご教示を頂き、議論にも参加していただいた。改めて楽しい共同作業に感謝申し上げる次第である。また、小泉裕司、宮崎康雄、大洞真白、西光慎治、松本洋明、安田滋、高橋潔、古川匠の諸氏は、私が押しかけた遺跡の発掘担当者の方々である。考古学には素人の私に対し、発掘現場の観察や試料採取に便宜を図っていただいた。ご厚情に感謝したい。京都大学防災研究所の先輩同僚にも恵まれた。特に、関口秀雄教授（現、名誉教授）に感謝申し上げたい。先生のご慧眼によって天井川研究のきっかけを得ることができた。また、東良慶助教（現、大阪工業大学准教授）には、現地調査をしばしば手伝っていただいた。重い掛け矢を振り回す彼のパワーが無かったら、成果は数分の一だったと思う。さらに、京都大学学術出版会の永野祥子氏には、査読の段階から出版にいたるまで大変にお世話になった。本書が少しは読みやすくなっているとすれば、それは彼女の手腕のたまものである。感謝申し上げたい。

また、本書を構成するのは、長年の調査研究の成果である。それらの活動を支えたのは、公的な資金援助だった。直接関連するものとして、文部科学省科学研究費補助金（26560191）、河川整備基金（23–1216–007）、防災研究所一般共同研究（20G–03、22G–13）の支援を受けた。ここに感謝する次第である。

最後に、京都に来ることが無ければ、東京生まれの私が、歴史の意味に気付くことは無かったと思う。長期にわたる京都遊学を許してくれた家族に感謝したい。

（118）藤田省三（1997）：「写真と社会」小史（藤田省三著作集 9）、みすず書房

■人名

[タ行]

索引（事項・人名）

■事項

釜井　俊孝(かまい　としたか)

1957年東京都生。1979年筑波大学卒業(地球科学専攻)。1986年日本大学大学院修了（地盤工学専攻)。利根コンサルタント（株）技師（1979～1986)。通商産業省工業技術院・地質調査所（現・産業技術総合研究所）研究官・主任研究官（1986～1995)。日本大学理工学部土木工学科助手・専任講師・助教授（1995～2000)。京都大学防災研究所助教授・教授（2000～現在)。博士（工学)

主要著書など

『斜面防災都市』理工図書2002年、『地震で沈んだ湖底の村』サンライズ出版2012年、他論文報告多数。

埋もれた都の防災学

――都市と地盤災害の 2000 年　学術選書 076

2016 年 9 月 10 日　初版第 1 刷発行

著　　者…………釜井 俊孝
発 行 人…………末原 達郎
発 行 所…………京都大学学術出版会
京都市左京区吉田近衛町 69
京都大学吉田南構内（〒 606-8315）
電話（075）761-6182
FAX（075）761-6190
振替 01000-8-64677
URL http://www.kyoto-up.or.jp

印刷・製本…………㈱太洋社
装　　幀…………鷺草デザイン事務所

ISBN 978-4-8140-0042-5
定価はカバーに表示してあります

学術選書 ［既刊一覧］

＊サブシリーズ 「心の宇宙」→ [心] 「諸文明の起源」→ [諸]
「宇宙と物質の神秘に迫る」→ [宇]

001 土とは何だろうか？ 久馬一剛
002 子どもの脳を育てる栄養学 中川八郎・葛西奈津子
003 前頭葉の謎を解く 船橋新太郎 [心] 1
005 コミュニティのグループ・ダイナミックス 杉万俊夫 編著 [心] 2
006 古代アンデス 権力の考古学 関 雄二 [諸] 12
007 見えないもので宇宙を観る 小山勝二ほか 編著 [宇] 1
008 地域研究から自分学へ 高谷好一
009 ヴァイキング時代 角谷英則 [諸] 9
010 GADV仮説 生命起源を問い直す 池原健二
011 ヒト 家をつくるサル 榎本知郎
012 古代エジプト 文明社会の形成 高宮いづみ [諸] 2
013 心理臨床学のコア 山中康裕 [心] 3
014 古代中国 天命と青銅器 小南一郎 [諸] 5
015 恋愛の誕生 12世紀フランス文学散歩 水野 尚
016 古代ギリシア 地中海への展開 周藤芳幸 [諸] 7
018 紙とパルプの科学 山内龍男
019 量子の世界 川合・佐々木・前野ほか編著 [宇] 2
020 乗っ取られた聖書 秦 剛平
021 熱帯林の恵み 渡辺弘之
022 動物たちのゆたかな心 藤田和生 [心] 4
023 シーア派イスラーム 神話と歴史 嶋本隆光
024 旅の地中海 古典文学周航 丹下和彦
025 古代日本 国家形成の考古学 菱田哲郎 [諸] 14
026 人間性はどこから来たか サル学からのアプローチ 西田利貞
027 生物の多様性ってなんだろう？ 生命のジグソーパズル 京都大学総合博物館 京都大学生態学研究センター 編
028 心を発見する心の発達 板倉昭二 [心] 5
029 光と色の宇宙 福江 純
030 脳の情報表現を見る 櫻井芳雄 [心] 6
031 アメリカ南部小説を旅する ユードラ・ウェルティを訪ねて 中村紘一
032 究極の森林 梶原幹弘
033 大気と微粒子の話 エアロゾルと地球環境 笠原三紀夫 東野 達 監修
034 脳科学のテーブル 日本神経回路学会監修／外山敬介・甘利俊一・篠本滋編

035 ヒトゲノムマップ　加納　圭
036 中国文明　農業と礼制の考古学　岡村秀典　諸6
037 新・動物の「食」に学ぶ　西田利貞
038 イネの歴史　佐藤洋一郎
039 新編　素粒子の世界を拓く　湯川・朝永から南部・小林・益川へ　佐藤文隆　監修
040 文化の誕生　ヒトが人になる前　杉山幸丸
041 アインシュタインの反乱と量子コンピュータ　佐藤文隆
042 災害社会　川崎一朗
043 ビザンツ　文明の継承と変容　井上浩一　諸8
044 江戸の庭園　将軍から庶民まで　飛田範夫
045 カメムシはなぜ群れる？　離合集散の生態学　藤崎憲治
046 異教徒ローマ人に語る聖書　創世記を読む　秦　剛平
047 古代朝鮮　墳墓にみる国家形成　吉井秀夫　諸13
048 王国の鉄路　タイ鉄道の歴史　柿崎一郎
049 世界単位論　高谷好一
050 書き替えられた聖書　新しいモーセ像を求めて　秦　剛平
051 オアシス農業起源論　古川久雄
052 イスラーム革命の精神　嶋本隆光
053 心理療法論　伊藤良子　心7
054 イスラーム　文明と国家の形成　小杉　泰　諸4
055 聖書と殺戮の歴史　ヨシュアと士師の時代　秦　剛平
056 大坂の庭園　太閤の城と町人文化　飛田範夫
057 歴史と事実　ポストモダンの歴史学批判をこえて　大戸千之
058 神の支配から王の支配へ　ダビデとソロモンの時代　秦　剛平
059 古代マヤ　石器の都市文明［増補版］　青山和夫　諸11
060 天然ゴムの歴史　ヘベア樹の世界一周オデッセイから「交通化社会」へ　こうじや信三
061 わかっているようでわからない数と図形と論理の話　西田吾郎
062 近代社会とは何か　ケンブリッジ学派とスコットランド啓蒙　田中秀夫
063 宇宙と素粒子のなりたち　糸山浩司・横山順一・川合　光・南部陽一郎
064 インダス文明の謎　古代文明神話を見直す　長田俊樹
065 南北分裂王国の誕生　イスラエルとユダ　秦　剛平
066 イスラームの神秘主義　ハーフェズの智慧　嶋本隆光
067 愛国とは何か　ヴェトナム戦争回顧録を読む　ヴォー・グエン・ザップ著・古川久雄訳・解題
068 景観の作法　殺風景の日本　布野修司
069 空白のユダヤ史　エルサレムの再建と民族の危機　秦　剛平
070 ヨーロッパ近代文明の曙　描かれたオランダ黄金世紀　樺山紘一　諸10
071 カナディアンロッキー　山岳生態学のすすめ　大園享司
072 マカベア戦記㊤　ユダヤの栄光と凋落　秦　剛平